NOTES SUR QUELQUES PLANTES

NOUVELLES, CRITIQUES OU RARES

DU MIDI DE L'ESPAGNE.

III*.

APLÆCTROCAPNOS BÆTICA, Boiss. et Reut. diagn. pl. or. fasc. V. 79 et voy. Esp. supp. 714. t. 3 *a*.

In fissuris rupium verticalium in monte *Sierra de Sagra* prope *Huescar* regni Granatensis oppidum (E. Bourgeau, 12ª die Junii 1851. — pl. Esp. n. 1017).

SARCOCAPNOS CRASSIFOLIA, DC. syst. II. 130. — Fumaria crassifolia, Desf. II. 126. t. 173.

In fissuris rupium in monte *Cerro de Jabalcon* prope *Baza* regni Granatensis oppidum (E. Bourgeau, 28ª die Maii 1851. — pl. Esp. n. 1015).

---

* Les plantes dont il est fait mention dans cette troisième série de Notes sur les plantes du Midi de l'Espagne ont été recueillies pour la plupart, en 1851, par M. Bourgeau, collecteur de la *Société française d'Exploration botanique*, dans le voyage qu'il a fait, sous le patronage du *Muséum d'Histoire naturelle*, dans le royaume de Murcie et dans le royaume de Grenade.

Voir page 25 pour la première série de Notes sur les plantes d'Espagne, et page 93 pour la seconde série.

Cette belle plante n'avait encore été observée en Espagne que dans la *Sierra Nevada* (Boiss. voy. Esp. — Bourgeau 1851).

SARCOCAPNOS ENNEAPHYLLA, DC. fl. Fr. V. 587. — Fumaria enneaphylla, L. sp. 984.

In fissuris rupium montis *Sierra de Gador* in ditione Almeriensi (E. Bourgeau, 1a die Maii 1851. — pl. Esp. n. 1016). In monte *la Atalaya* prope *Cartagena* (E. Bourgeau. 16a die Martii 1850. — pl. Esp. n. 542). In provincia Giennensi (royaume de Jaën) (Blanco exsicc. n. 58).

Cette plante n'avait pas encore été indiquée dans le midi de l'Espagne, et M. Boissier n'avait observé dans le royaume de Grenade que l'*Aplectrocapnos Bætica* et le *Sarcocapnos crassifolia*.

NOTOCERAS CANARIENSE, R. Br. in hort. Kew. ed. 1812. IV. 117. — N. Hispanicum, DC. syst. II. 204. — ic. Delessert. selec. II. t. 17. — Diceratium prostratum, Lag. nov. gen. et sp. p. 20. n. 257.

In collibus apricis prope *Santa Fe* in ditione Almeriensi (E. Bourgeau, 14a die Maii 1851. — pl. Esp. n. 1056).

Cette plante n'avait pas été retrouvée dans le royaume de Grenade depuis Clemente.

ARABIS PARVULA, Dufour! in DC. syst. II. 228. — Boiss. voy. Esp. 25. t. 13. f. 6. — A. brachypoda, Boiss. elench. n. 8. — A latifolia, Dur. in expl. sc. Alger. t. 72. f. 3.

In regione calida montis *Sierra de Gador* in ditione Almeriensi (E. Bourgeau, 3a die Maii 1851. — pl. Esp. n. 1039 *b*).

L'*A. parvula* n'avait encore été indiqué en Espagne que dans la Navarre près de *Tudela*, où il a été découvert par M. Léon Dufour, aux environs d'*Aranjuez* (Boutelou ex Willkomm ap. Mohl. et Schlecht. bot. zeit. 1847 p. 219) et au *Tajo de Ronda* dans le royaume de Grenade où l'a observé M. Boissier (voy. bot. Esp.). — M. Durieu l'a recueilli en Algérie aux environs de *Tlemcem* et de *Mascara*, et je l'ai observé aux environs de *Saïda!* et sur le haut plateau à *Beïda!*

SISYMBRIUM HISPANICUM, Jacq. coll. I. 69. — ic. rar. I. t. 124.

In arvis prope *Maria* regni Granatensis oppidulum (E. Bourgeau, 10a die Junii 1851. — pl. Esp. n. 1061).

SISYMBRIUM ARUNDANUM, Boiss. voy. 30. t. 6 *a*.

In monte *Cerro de Jabalcon* prope *Baza* regni Granatensis oppidum (E. Bourgeau, 28a die Maii 1851. — pl. Esp. n. 1062).

Cette espèce n'avait encore été observée que dans le royaume de Grenade à *Ronda* (Boiss. loc. cit.) et dans la *Sierra de las Nieves* (E. Bourgeau, pl. Esp. n. 42 *a*).

SISYMBRIUM FUGAX, Lagasc. var. PUBESCENS, Nob. pl. crit. 95.

In salsis agri Murcici prope *Totana* (E. Bourgeau, 12ª die Aprilis 1851. — pl. Esp. n. 1064).

ERYSIMUM LINIFOLIUM, Gay Erysim. nov. diagn. 3. — Cheiranthus linifolius, Pers. II. 201. — Hesperis linifolia, Pourr. ap. Desf. cat. hort. Par. ed. 1. 129. — H. repanda, Lagasc. nov. gen. et sp. p. 20. n. 262.

In regione montana inferiore montis *Sierra de Baza* in regno Granatensi (E. Bourgeau, 20ª die Junii 1851. — pl. Esp. n. 1020).

SINAPIS HISPIDA, Schousb. Maroc. 92. t. 4.

In arvis juxta oppidulum *Santa Fe* ad basim montis *Sierra de Gador* in provincia Almeriensi (E. Bourgeau, 8ª die Maii 1851. — pl. Esp. n. 1017 *b*).

Cette espèce, qui est assez répandue dans l'ouest de l'Algérie! et qui a été également observée dans le Maroc (Schousb.) et dans les Canaries (Webb), n'était encore indiquée dans le midi de l'Espagne qu'aux environs de Malaga et de Velez (Boiss. voy. Esp.).

MORICANDIA RAMBURII, Webb it. Hisp. 73. — Brassica moricandioides, Boiss. voy. 34. t. 8.

In monte *Sierra de Gador* ad oppidulum *Huesica* provinciæ Almeriensis (E. Bourgeau, 8ª die Maii 1851. — pl. Esp. n. 1045).

Le *M. Ramburii* n'avait encore été observé que dans deux localités du royaume de Grenade, au *Tajo de Ronda* (Boiss. loc. cit. — Bourgeau, pl. Esp. 1849. n. 24) et aux bords du fleuve *Jenil* près de Grenade (Webb, Rambur).

MORICANDIA FŒTIDA, E. Bourgeau in litt. — pl. Esp. n. 1046.

Planta biennis, glabra, glaucescens, radice fusiformi. Caulis 3-8 decimetra longus, erectus, sæpius à basi ramosus, teres, lævis, demum basi suffrutescens. *Folia* crassa, subcarnosa, *attritione fœtida*; infima et radicalia obovata, sessilia, 3-4 centimetra longa, subsinuato-dentata; caulina integra, cordato-amplexicaulia auriculis rotundatis oblonga ovatave, superiora ovato-acuta. Racemi terminales laxiusculi post anthesim elongati. *Flores albidi* calyce violascente, quam in M. arvensi minores, pedicello sæpius longiores. Sepala lateralia basi saccata. *Siliquæ* sæpius longe pedicellatæ *pedicello gracili, 4-6 centimetra longæ*, patulo-ascendentes, sæpe arcuatæ, *subtetragono-compressæ*, breviter rostratæ rostro conico-lineari obtusiusculo asperme; *valvis tenuibus*, carinatis, *nervo carinali valido lateralibus absoletis*. *Semina uniseriata, ovato-oblonga*, compressa, *basi et apice margine angusto prædita*, basi subemarginata, madefacta valde mucilaginosa. Cotyledones integræ, conduplicatæ, radiculam dorsalem amplectentes. ②. Florens fructiferaque 8ª die Maii 1851 lecta.

In collibus calcareis salsuginosis regni Granatensis urbem *Vera* inter et promontorium *Cabo de Gata* promiscue cum M. arvensi crescens (E. Bourgeau, pl. Esp. n. 1046).

Le *M. fœtida* se rapproche beaucoup par le port du *M. arvensis*; mais il s'en distingue facilement par les feuilles plus épaisses et exhalant, par le froissement sur la plante vivante, une odeur fétide, par les fleurs plus petites à pétales blanchâtres et non pas d'un beau violet, par les pédicelles des siliques plus grêles, par les siliques plus étroites, et surtout par les graines unisériées ovales-oblongues munies au sommet d'une bordure étroite et non pas bisériées ovales dépourvues de bordure au sommet. — Par les graines unisériées le *M. fœtida* se rapproche du *M. Ramburii* Webb it Hisp. 73 (B. moricandioides, Boiss. voy. 34. t. 8), mais il en diffère par les fleurs plus petites à pétales blanchâtres et non pas d'un beau violet, par les pédicelles des siliques beaucoup plus grêles, par les siliques beaucoup plus étroites, plus grêles, plus courtes, moins roides, à valves ne présentant pas de nervures latérales distinctes et non pas à nervures latérales très distinctes. — Par la couleur des fleurs, par les pédicelles des siliques plus grêles, par les siliques plus étroites, plus grêles, plus courtes, beaucoup moins roides, il s'éloigne du *M. Bætica* Boiss. et Reut.! (pugill. pl. nov. 1851, p. 9) qui ne diffère guère du *M. Ramburii* que par les nervures latérales de la silique peu distinctes et les graines plus petites.

EUZOMODENDRON, Nob. ap. Webb otia Hisp.

Calyx tetraphyllus, sepalis erectis, duobus lateralibus basi saccatis. Corollæ petala 4, hypogyna, indivisa, longissime unguiculata. *Stamina* 6, hypogyna, tetradynama, quatuor *longiora per paria filamentis usque ad apicem coalita*, filamentis filiformibus exappendiculatis. Glandulæ hypogynæ duo, supra staminum lateralium insertionem. Stigmata 2, in unicum obtusum subbilobum connata. *Siliqua bivalvis, lanceolato-oblonga* basi attenuata, compressiuscula, valvis coriaceis convexis ecarinatis 5-nerviis nervis validis rectis æqualibus æquidistantibus; funiculi septo adhærentes, apice tantum liberi. *Semina* in quoque loculo 4-10, rarius pauciora, uniseriata, ovata, *compressa, late membranaceo-marginata*, lævia. Embryonis exalbuminosi *cotyledones* obovato-subrotundæ *apice emarginatæ* lobis rotundatis, *canaliculato-complicatæ radiculam amplexantes*, cotyledone dorsali longius petiolata.

Frutex in Hispania australiori indigena, erectus, ramosus, foliis pinnatipartitis laciniis linearibus rarius subindivisis, floribus majusculis ebracteatis, petalis albidis venis fuscis reticulatis, racemis fructiferis terminalibus sæpius abbreviatis, pedicellis filiformibus breviusculis.

Le genre *Euzomodendron* appartient à la tribu des *Brassiceæ* DC.; il se distingue de tous les autres genres de la tribu par de nombreux caractères et surtout par la soudure par paires des filets des étamines les plus longues.

E. BOURGÆANUM, Nob. ap. Webb loc. cit. cum tabula.

Frutex 2-5 decimetra altus, erectus, sæpius a basi ramosus, ramis adultis cortice cinereo subrugosis. Folia alterna fasciculatave, conferta, basi in petiolum attenuata, pinnatipartita lobis subæqualibus linearibus obtusis, rarius subindivisa, rigidula, pilis raris brevibus hirta. Flores majusculi, petala calyce subduplo longiora, limbo obovato albido-lutescente pulchre venis fuscis picto. Racemi fructiferi, rigidi, laxiusculi, 3-15 centimetra longi. Siliquæ 2-3 centimetra longæ, in pedicello ascendentes, glabræ, lanceolato-oblongæ basi attenuatæ; valvis crassis coriaceis, 5-nerviis; rostro triangulari vel lineari-lanceolato valvis multo breviore. Semina lævia, fucescentia membrana marginante alba. ♃. 7ª die Maii 1851 fructiferum et aliquot flores vix præbens lectum.

In calcareis salsuginosis Hispaniæ orientalis australioris, in ditione Almeriensi ad basim montis *Sierra de Gador* inter oppida *Santa Fe* et *Huesica* (E. Bourgeau, pl. Esp. n. 1058).

VELLA SPINOSA, Boiss. voy. 41. t. 10.

In regione subalpina montis *Sierra de Sagra* prope *Huescar* regni Granatensis oppidum (E. Bourgeau, 6ª die Junii 1851. — pl. Esp. n. 1055).

Cette belle espèce n'était encore indiquée que dans les *Sierra Tejeda* et de *Gador* et dans la *Sierra Nevada* (Boiss. loc. cit.).

GUIRAOA ARVENSIS, Coss. pl. crit. 97.

In arvis arenosis incultis loco dicto *Puerto de la Cadena* prope *Murcia* (E. Bourgeau, florens 27ª die Martii 1852, fructifera 2ª die Maii. — pl. Esp. n. 1071).

LOBULARIA LYBICA, Webb phyt. Canar. sect. I. 90. — Lunaria Lybica, Viv. sp. flor. Lybic. 34. t. 16. f. 1. — Koniga Lybica, R. Br. observ. pl. oudn. p. 8.

In arenosis maritimis Hispaniæ australioris, ad promontorium *Cabo de Gata* (E. Bourgeau, 26ª die Aprilis 1851 jam emarcida. — pl. Esp. n. 1040 *a*), prope *Puerto Santa Maria* (E. Bourgeau, 20ª die Aprilis 1849).— In Algeria prope *Mostaganem* (Balansa, 14ª die Decembris 1851. — pl. Alger. n. 31).

Cette espèce n'avait encore été observée ni en Espagne ni en Algérie, elle était indiquée dans le désert de la Grande Syrte (Viviani loc. cit.). dans le royaume de Tripoli (R. Brown loc cit.), en Arabie (Ehrenberg), en Orient (herb. Tournefort) et aux Canaries où elle est assez répandue (Webb, loc. cit.).

CLYPEOLA ERIOPHORA, DC. syst. II. 327. — C. eriocarpa, Cav. ex Lag. in litt. sec. DC. loc. cit. — Alyssum eriophorum, Pourr. in Willd. enum. II. 671. — Vesicaria lanuginosa, Poir. encycl. meth. VIII. 572. — Orium lanuginosum, Desv. journ. III. 162. t. 25. f. 10.

In collibus apricis inter urbes *Baza* et *Huescar* abunde crescens cum Stipa tenacissima (E. Bourgeau, 26ª die Maii 1851. — pl. Esp. n. 1023).

Cette curieuse plante n'avait encore été indiquée qu'aux environs d'*Aranjuez* (DC. loc. cit., Graells ap. Colmeiro apunt.).

ALYSSUM GRANATENSE, Boiss. et Reut. pugill. pl. nov. 9.

In regni Murcici regione montana prope *Riopar* (E. Bourgeau, 13ª die Junii 1850) et in monte *Sierra de Ayora* (E. Bourgeau, 31ª die Maii 1850). — In Algeria frequens cum Alysso campestri sæpissime promiscue crescens, ex. gr. *Constantine* (Durieu, 27ª die Aprilis 1840), *Setif* (Durieu, Junio 1840), *Medeah* (Durieu, Aprili 1841), *Aïn Telazit* (Durieu, Aprili 1842), *Milianah* (Dr Mialhes, 1846), *Tiaret* (Dr Delestre, Aprili 1845), *Tlemcen* (Durieu, Maio 1852), *Oran!* (Balansa, 1851), in planitie excelsa (haut plateau) supra *Saïda!* frequens.

Cette plante n'avait encore été mentionnée que dans la région alpine des montagnes du royaume de Grenade, à la *Sierra de las Nieves* et à la *Sierra Nevada* (Boiss. et Reut. loc. cit.). — L'*A. Granatense*, ainsi que l'ont indiqué MM. Boissier et Reuter, doit être placé à côté des *A. calycinum* L. et *dasycarpum*, Steph. in Willd. avec lesquels il constitue le sous-genre *Psilonema* (Mey. in Ledeb. fl. Alt. III. 50. et in fl. Ross. I. 137) caractérisé par les pétales d'abord jaunes ou jaunâtres, tronqués ou échancrés et par les filets des étamines tous dépourvus d'aile et de dents. — Par le port l'*A. Granatense* est très voisin de l'*A. calycinum*, mais il en est très distinct par les sépales plus longs, par les pétales souvent d'un jaune plus foncé oblongs-cunéiformes insensiblement atténués en onglet à partir du milieu de leur longueur et non pas oblongs rétrécis en onglet seulement à la base, par les pédicelles fructifères plus courts presque dressés et non pas étalés-ascendants, par les glandules situées de chaque côté des étamines latérales très courtes et non pas subulées égalant presque la moitié de la longueur du filet, par les silicules ord. plus grandes hérissées à pubescence étoilée mêlée de poils allongés sétuliformes et non pas couvertes d'une pubescence étoilée très courte, et par le style notablement plus long.—Les caractères de port rapprochent également beaucoup l'*A. Granatense* des *A. campestre* L. et *hirsutum* Bieberst., mais ces deux dernières espèces par leurs filets munis d'ailes et souvent de dents appartiennent à un autre sous-genre (Adyseton, DC. — Alyssum emend. Mey.).

C'est à tort que la plupart des auteurs, à l'exemple de De Candolle, rapportent l'*A. calycinum* au sous-genre *Adyseton*, car dans cette espèce les filets des étamines sont complètement dépourvus d'ailes et de dents et on ne saurait confondre avec ces appendices des filets les deux glandules allongées qui se trouvent de chaque côté des étamines latérales, puisque ces mêmes glandules existent chez les autres espèces du genre *Alyssum* seulement avec un moindre développement.

DRABA LUTESCENS, Nob.

Planta annua, radice gracili, caule, foliis pedicellisque hirsutis pube stellata cum pilis simplicibus permixta. Caulis subsimplex vel sæpius à basi ramosus, 2-12 centimetra longus, paucifolius, quando simplex erectus, quando à basi ramosus ramo centrali erectus lateralibus ascendentibus. *Folia* radicalia in rosulam disposita, ovato-oblonga, basi attenuata, subintegra vel obsolete dentato-sinuata; *caulina* ovata lanceolatave, *sessilia* basi sæpe attenuata *haud amplexicaulia*. *Flores* minuti, primum *lutescentes*, dein albidi, apice ramorum in corymbum dispositi. Calyx e sepalis basi æqualibus compositus post anthesin mox emarcidis deciduisque. *Petala* æqualia, calyce longiora, obovata sensim in petiolum attenuata, apice *emarginata*. Staminum filamenta, basi paululum dilatata, exappendiculata. Racemi fructiferi denique reliquo caule longiores, *pedicellis* subapproximatis horizontaliter *patentibus silicula brevioribus*. Siliculæ pilis simplicibus villosæ, in pedicello paululum ascendentes, oblongæ, estipitatæ, ratione plantæ magnæ, dorso compressæ, valvis planiusculis haud marginatis uninerviis; *stylo subnullo*. *Semina in quoque loculo* 8-12, pendula, *funiculis* setaceis *liberis*, ovoidea, immarginata, statu sicco læviuscula, madefacta papillis hyalinis exasperata. Cotyledones planæ, integræ, radiculæ accumbentes. ①. Florens 20ª die Maii, fructifera 20ª die Junii 1851 lecta.

In regione alpina montis *Sierra de Baza* ad cacumen, in regno Granatensi (E. Bourgeau, pl. Esp. n. 1072 *a*).

Le *D. lutescens* doit être placé dans la section *Drabella* DC. à côté du *D. nemorosa* L. — Ledeb. fl. Ross. I. 154: (var. *leiocarpa* : D. lutea Gilib., DC., D. pontica Desf. coroll. Tournef. 67. *t.* 81. — var. *hebecarpa* : D. nemoralis Ehrh., DC., Rchb. icon. f. 4236) dont il diffère par les grappes fructifères moins lâches, par les siliques presque trois fois plus amples, plus longues que les pédicelles et non pas deux à quatre fois plus courtes. — Il se rapproche beaucoup par le port du *D. platycarpa* Torr. et Gr. (fl. n. Am. I. 108), avec lequel j'ai pu le comparer dans l'herbier de M. Webb; mais il s'en distingue par les pétales jaunes beaucoup plus petits, par les silicules de forme plus allongée plus longues que le pédicelle et non pas plus courtes, et surtout par les graines plus grosses beaucoup moins nombreuses dans chaque loge de la silicule.

THLASPI PROLONGI, Boiss. voy. 53. t. 14 *a*.

In regione alpina superiore montis *Sierra de Sagra*, prope *Huescar* regni Granatensis oppidum (E. Bourgeau, 6ª die Junii 1851. — pl. Esp. n. 1026).

Le *T. Prolongi* n'avait encore été indiqué qu'à la *Sierra de las Nieves* dans le royaume de Grenade (Boiss. loc. cit. — E. Bourgeau, 1849.—pl. Esp. n. 32) et à la *Sierra de Yunquera* (Willkomm exsicc. — Kunze in Bot. Zeit. 1846).

IBERIS SAXATILIS, L. amæn. IV. 321. et sp. II. 905. — Gouan illustr. 41. — Rchb. ic. II. t. 8. f. 4200.

In rupestribus ad cacumen montis *Sierra de Maria* in regno Granatensi (E. Bourgeau, 9ª die Junii 1851. — pl. Esp. n. 1029 *a*).

Cette plante n'avait pas encore été indiquée dans l'Espagne méridionale; elle n'avait été observée que dans les Pyrénées-Orientales dans la vallée d'Eynes et à la Font de Comps (A. Irat), à la Seo d'Urgel (E. Bourgeau, pl. Pyr. Esp. n. 406), dans les Corbières, dans les montagnes de la Provence !, dans le Dauphiné, dans le Jura et en Sicile.

IBERIS GARREXIANA, All. fl. Pedem. I. 250. t. 40. f. 3 et t. 54 f. 2. — Rchb. ic. II. t. 7. f. 4198. — I. sempervirens, Lapeyr. abreg. Pyr. 370.

In regni Granatensis regione montana superiore et alpina, *Sierra de las Nieves* (E. Bourgeau, 4ª die Julii 1849), in rupestribus montis *Sierra de Maria* (E. Bourgeau, 9ª die Junii 1850); in monte *Sierra de Alcaras* regni Murcici et Castellæ novæ ad limites (E. Bourgeau, 26ª die Junii 1850).

Cette espèce, que M. Webb (it. Hisp. 77) dit être commune dans les montagnes de l'Andalousie, n'est pas mentionnée dans le royaume de Grenade par M. Boissier; elle est assez répandue dans les Pyrénées françaises et espagnoles et elle se rencontre également dans la vallée de Larche (Basses-Alpes) et en Piémont (All. loc. cit.).

LEPIDIUM GRANATENSE, Coss. pl. crit. 27 (1849). — L. calycotrichum, Kunze in Flora od. bot. Zeit. 1846. p. 756 sec. cl. Boiss. et Reut. pugill. pl. nov. 1852. p. 13.

In lapidosis montis *Cerro de San Cristoval* in regno Granatensi (Reuter !, Junio 1849).

Je ne connais le *L. calycotrichum* que par des échantillons trop imparfaits pour pouvoir déterminer si le nom de *L. calycotrichum* doit être attribué à la plante dont je parle ou à la suivante qui ont été confondues toutes les deux sous le nom de *L. heterophyllum* Benth. par M. Boissier (voy. bot. Esp. p. 51).

LEPIDIUM PETROPHILUM, Nob.

Planta perennis, saltem in parte superiore caulium villoso-subtomentosa, rarius pubescens vel omnino glabra. Rhizoma verticale, 1-3 rosulas foliorum emittens. *Caules* plures, 5-20 centimetra longi, diffusi ascendentes, simplices, *in axillis foliorum inferiorum rosularum nascentes* vel in axillis foliorum anni præcedentis. Folia rosularum radicalium obovata vel oblonga in petiolum longum attenuata, integerrima, sinuata vel lyrato-pinnatipartita; caulina oblonga ovatave obtusiuscula, dentata vel denticulata, basi auriculato-sagittata. Flores albi, calyce sæpius ac pedicellis villoso-tomentosis. *Stylus ovarii longitudinem adæquans*. Racemi fructiferi sæpius abbreviati, laxiusculi, pedicellis patulis. *Siliculæ* juniores incano-tomentosæ dein villosæ vel pubescentes, non nunquam omnino glabræ, *ovatæ basi parum attenuatæ, a medio angustatæ et marginato-alatæ margine alæformi fere tertiam siliculæ partem æquante, utrinque convexæ*, apice emarginatæ; *stylo elongato*. Semina in quoque loculo solitaria. ♃. Florebat 20ª die Maii, 20ª die Junii fructus jam maturaverat.

In regione subalpina et alpina montium in regno Granatensi, *Sierra de Baza* (E. Bourgeau, pl. Esp. n. 1552); *Sierra Nevada*, in regione subalpina loco dicto *Borreguil de S. Geronimo* (E. Bourgeau, Julio 1851 jam emarcidum) et in regione nivali promiscue cum *L. stylato* crescens (Funk, Augusto 1848 florens et fructiferum).

Le *L. petrophilum* est très voisin du *L. Granatense* Nob. par les caractères tirés du port et du mode de végétation; mais il me semble en être suffisamment distinct par les silicules plus petites de moitié rétrécies à partir du milieu de leur hauteur et non pas régulièrement oblongues, convexes sur les deux faces et non pas presque planes en dedans et très convexes en dehors; — par la présence d'une rosette centrale de feuilles, il se rapproche également des *L. Nebrodense* Guss. (L. Bonanianum Guss.) et *hirtum* DC., mais il s'en distingue par la forme des silicules et la longueur du style. — Le *L. Villarsii* Gren. et Godr. (fl. Fr. I. 150), que je ne connais que par la description, présente aussi une rosette centrale de feuilles, mais notre plante paraît en différer par les silicules atténuées et non pas arrondies à la base. — Le *L. petrophilum* pourrait être confondu avec le *L. stylatum* Lag., qui croît avec lui dans la région supérieure de la *Sierra Nevada* et qui lui ressemble beaucoup par le port, la forme de la silicule et la longueur du style, mais on évitera facilement cette erreur en remarquant que dans cette dernière espèce la silicule est à peine bordée.

HELIANTHEMUM ECHIOIDES Pers. syn. pl. II. 77. — Cistus echioides, Lam.! encycl. méth. bot. II. 21. n. 34. e specimine herb. de Jussieu à cl. Lamarck citato. — H. heterodoxum, Dun. ap. DC. prodr. I. 270 e cl. Reuter qui specimina herbarii Candolleani cum nostris comparavit. — H. scorpioides, Coss. pl. crit. 29.

In incultis agri Gaditani, in oliveto loco dicto *Lapieda* prope *Puerto Santa Maria* (E. Bourgeau 26ª die Maii 1849. — pl. Esp. n. 54). In Hispania sine designatione loci natalis (Dr Goiffon in herb. de Jussieu).—In Africa prope *Vallé* (Masson, in herb. Banks sec. cl. Dun.

loc. cit.). In Algeriæ occidentalis regione montana prope *Tiaret* (Kremer in herb. Durieu). In ditione Mascariensi haud procul a loco *Benian!* dicto frequens, prope *Saïda!* et in planitie excelsa (*haut-plateau*) supra *Saïda*.

J'avais décrit cette plante comme une espèce nouvelle n'osant la rapporter ni à l'*H. echioides*, auquel Lamarck et Persoon attribuent une tige sousfrutescente, ni à l'*H. heterodoxum* dont je n'avais pu voir d'échantillons dans les herbiers et qui avait été considéré par quelques auteurs comme une variété de l'*H. guttatum*; mais l'examen de l'échantillon de l'herbier de M. de Jussieu ne peut laisser aucun doute sur l'identité de la plante de Lamarck avec la nôtre qui doit par conséquent prendre le nom d'*H. echioides*.

HELIANTHEMUM PAPILLARE, Boiss.! voy. Esp. 63. t. 14 B. f. *a*.

In glareosis montis *Cerro de Jabalcon* prope *Baza* regni Granatensis oppidum (E. Bourgeau, 28ª die Maii 1851. — pl. Esp. n. 1080).

HELIANTHEMUM ATRIPLICIFOLIUM, Willd. enum. 569. — Cistus atriplicifolius, Lam. enc. meth. bot. II. 19.

In monte *Sierra Nevada*, in regione montana ad *Aiguilones de Dilar* (E. Bourgeau, 27ª die Augusti 1851. — pl. Esp. n. 1073 *a*). In montosis Bæticis prope *Ronda* loco dicto *Desierto de las Nieves* et in monte *Sierra Torroz* (Webb. it. Hisp.). Ad basim montis *Sierra de las Nieves* loco dicto *Convento de las Nieves* (Reuter, Junio 1849). In montibus regni Murcici et Castellæ novæ ad limites in *Yelmo* prope *Segura* (Blanco, 1851).

Cette belle espèce, propre à l'Espagne, n'avait encore été observée dans le royaume de Grenade que dans les *Sierra de Mijas* et de *Bermeja* (Boiss. voy.) et n'était indiquée en outre que dans la Nouvelle-Castille à *Navalpino* et *Alcoba* (Quer sec. Boiss. voy.).

RESEDA LANCEOLATA, Lagasc. nov. gen. et sp. p. 17. n. 220. — Boiss. voy. 74. t. 19.

In incultis regni Granatensis prope *Vera* (E. Bourgeau, 15ª die Aprilis 1851. — pl. Esp. n. 1087).

Cette plante, que Lagasca indique dans le royaume de Jaën et dans le royaume de Grenade, sans désignation de localité précise, n'avait été récemment observée que dans les montagnes des *Alpujarras*, aux environs du *Cabo de Gata* (Webb it. Hisp.) et dans la partie inférieure de la *Sierra de Gador* (Boiss. loc. cit.).

RESEDA ERECTA, Lagasc. nov. gen. et sp. 17. n. 221. var. FUNKII, Willk. iberisch. halbins. 104. — R. ramosissima, E. Bourgeau pl. exsicc. n. 1089 non Pourr. nec Willd.

Capsulæ breviores, latiores, ore magis contractæ, cætera ut in planta typica.

In collibus gypsaceis circa oppidum *Baza* (Funk ap. Willk. loc. cit.). In collibus arenosis maritimis agri Almeriensis prope *Roqueta* (E. Bourgeau, 2ª die Maii 1851).

D'après M. Willkomm (loc. cit.) qui a vu dans l'herbier de Madrid des échantillons authentiques du *R. ramosissima* Pourr. et qui l'a recueilli à la localité classique d'*Aranjuez*, il diffère du *R. erecta* par un port tout différent, par les fleurs plus brièvement pédicellées jamais penchées ou pendantes, par la forme des pétales, par les capsules plus courtes et par les graines réniformes noirâtres.

SAPONARIA GLUTINOSA, M. Bieberst. Taur.-Cauc. I. 322.

In regione subalpina montis *Sierra de Baza* in regno Granatensi (E. Bourgeau, 15ª die Julii 1851. — pl. Esp. n. 1338).

Cette belle plante n'avait encore été indiquée qu'en Orient; elle a été observée dans les montagnes de la Crimée (Pallas, M. Bieberst. loc. cit.), dans les provinces à l'ouest du Caucase (Nordmann ap. Ledebours fl. Ross.), dans la Roumélie (Grisebach fl. Rumel.), dans l'île de Candie (Sieber ! pl. exsicc.), au mont Cadmus (Boissier !, exsicc. 1842).

SILENE GERMANA, Gay in Coss. pl. crit. 31. et ap. Bourgeau exsicc. Hisp. 1849. n. 72. — S. ramosissima, Boiss. voy. bot. Esp. 93. t. 26. — S. Boissieri, Gay ap. Coss. pl. crit. 32.

In monte *Cerro de Jabaleon* prope *Baza* regni Granatensis oppidum (E. Bourgeau, 28ª die Maii 1851. — pl. Esp. n. 1336).

Cette plante n'avait encore été observée que dans la *Sierra Nevada* près de *S. Geronimo* (Boiss. loc. cit.) et dans la *Sierra de Almola* près *Ronda* (E. Bourgeau, pl. Esp. n. 72).

SILENE DIVARICATA, Clemente elench. hort. Madrit. 1806. p. 105. — Lagasc. nov. gen. et sp. p. 15. n. 195. — Soy.-Willem. et Godr. Silen. Alger. (1851) 36.

In regione calida ad basim montis *Sierra de Gador* prope *Berja* in provincia Almeriensi (E. Bourgeau, 2ª die Maii 1851. — pl. Esp. n. 1333 *a*).

Cette plante, dont la détermination est due à M. Gay, n'avait encore été indiquée qu'en Andalousie, sans localité précise, par Clémente qui en avait rapporté des graines (Lagasc. loc. cit.), et en Algérie sur les coteaux calcaires arides près d'*Oran!* et d'*Arzew* (Durieu).

ARENARIA MODESTA, L. Duf. ann. Gen. VII. 291. et coup-d'œil topog. sur Xativa. p. 11. — DC. prodr. 410.

In regione sylvatica montis *Sierra de Sagra* prope *Huescar* regni Granatensis oppidum (E. Bourgeau, 6ª die Junii 1851. — pl. Esp.

n. 1322). In monte *Sierra de Lujar* (Willkomm in Linnæa XXV).

Cette espèce n'avait encore été indiquée en Espagne que dans la partie méridionale du royaume de Valence au *Col de Bisquert* près du fort St-Philippe (L. Duf. loc. cit.) et dans le royaume de Grenade à la *Sierra Tejeda* et à la *Sierra Nevada* (Boiss. voy.).

CERASTIUM PERFOLIATUM, L. sp. 627.

In regno Murcico, in arvis prope *Chinchilla* (E. Bourgeau, 7a die Junii 1850. — pl. Esp. n. 968). In arvis ad basim montis *Sierra de Sagra* prope *Huescar* regni Granatensis oppidum (E. Bourgeau, 13a die Junii 1851. — pl. Esp. n. 1325).

Cette belle espèce n'était encore mentionnée en Espagne que dans l'Arragon (Lagasca in herb. DC. sec. cl. Grenier monogr. Cerast.); elle a été observée également en Grèce, dans l'Asie orientale, dans l'Asie occidentale et dans l'Afrique boréale.

HYPERICUM CALLITHYRSUM, Nob.

Planta perennis, glabra, caudice subrepente lignoso caules 1-2 vel plures emittente. *Caules* 5-8 decimetra longi, *erecti,* rigidi, *haud angulati,* subsimplices in parte superiore ramos florigeros emittentes. *Folia* viridi-glaucescentia, *punctato-pellucida*, venulis subopacis, subcoriacea, sessilia, *opposita,* pleraque in axillis ramulis abbreviatis dense foliatis munita; *inferiora late oblongo-linearia*, obtusiuscula, planiuscula, basi attenuata; *superiora et ramealia linearia* marginibus convolutis *acutiuscula ; bracteæ* lineari-lanceolatæ *margine integro eglanduloso. Flores majusculi, in paniculam elongato-thyrsoideam dispositi;* ramulis floriferis oppositis, dichotome ramosis, 3-7-floris. *Sepala ovato-lanceolata acuta, glanduloso-ciliata glandulis* nigris *subsessilibus.* Petala calyce subquadruplo longiora, obovata, margine glanduloso-ciliata glandulis nigris subsessilibus. *Styli* 3, *ovarium subæquantes.* ♃. Florens 20a die Junii 1851 lectum.

In regione montana superiore regni Granatensis in abruptis montis *Sierra de Baza* cum Astragalo Cretico (E. Bourgeau, pl. Esp. n. 1097 *a*).

Cette belle plante doit être placée à côté de l'*H. hyssopifolium* Vill. dont elle diffère surtout par les fleurs environ trois fois plus grandes, par les sépales ovales-lancéolés aigus et non pas oblongs lancéolés obtusiuscules, etc. — Par la grandeur des fleurs elle se rapproche davantage de l'*H. Tymphresteum* Boiss. (diagn. pl. or. I. 57); mais elle m'en paraît suffisamment distincte par les feuilles à points glanduleux transparents plus nombreux plus petits, par les feuilles supérieures et les feuilles raméales presque aigues et non pas tronquées au sommet, par la panicule moins dense, par les styles environ de la longueur de l'ovaire et non pas presque deux fois aussi longs.

ERODIUM ASTRAGALOIDES, Boiss. et Reut. pugill. pl. nov. 1852. p. 130. — E. Camposianum, Coss. ap. Bourgeau exsicc. Hisp. 1851. n. 1104.

In monte *Sierra Nevada*, in regione montana inferiore, ad cacumen jugi *Aiguilones de Dilar* dicti (E. Bourgeau, 27ª die Augusti 1851) et in *Cerro de la Silleta* (Don Pedro del Campo, Junio 1851).

Ayant déterminé la plus grande partie des plantes de M. Bourgeau avant d'avoir reçu la récente publication de MM. Boissier et Reuter, j'avais reconnu que cette jolie plante était une espèce nouvelle et j'avais cru devoir la dédier à Don Pedro del Campo, botaniste zélé, de Grenade, l'auteur de sa découverte.

CATHA EUROPÆA, Boiss. voy. supp. 725. — Celastrus Europæus, Boiss. voy. 127. t. 38. — Evonymus aculeatus Hispanicus Atriplicis folio, Tournef. herb. ap. Mus. par.

In rupibus secus viam inter urbes *Almeria* et *Roqueta*, ubi rarissimus omnibus fruticetis nunc ad usum officinarum metallicarum avulsis (E. Bourgeau, 26ª die Septembris florens et fructifera. — pl. Esp. n. 1109).

Cette espèce n'a encore été indiquée qu'entre *Almenucar* et *Nerja* (Boiss. loc. cit.) aux environs de *Motril* (Willkomm in Linnæa XXV.) et entre *Adra* et le *Cabo de Gata* (Webb, it. Hisp.).

GENISTA RAMOSISSIMA, Poir. encycl. meth. supp. II. 715. — Spartium ramosissimum, Desf.! fl. Atl. II. 132. t. 178.

In præruptis prope *Vera* regni Granatensis oppidum (E. Bourgeau, 14ª die Aprilis 1851. — pl. Esp. n. 1131).

Cette plante n'avait pas encore été observée en Espagne, et elle n'avait été indiquée par M. Boissier à plusieurs localités du royaume de Grenade que par suite d'une confusion avec le *G. cinerea* DC. — Les échantillons rapportés par M. Bourgeau m'ont paru identiques avec ceux de l'herbier de Desfontaines.

GENISTA PSEUDOPILOSA, Coss. pl. crit. 102.

In rupibus supra *Savinal* ad promontorium *Cabo de Gata* (E. Bourgeau, 25ª die Aprilis 1851. — pl. Esp. n. 1132).

GENISTA RETAMOIDES, Spach ap. Bourgeau exsicc. Hisp. n. 1133 *a*. — G. cinerea, Willk.! pl. exsicc. Hisp. (1845) n. 238 non DC. in herb. Mus. par.

Frutex erectus, 3-6 decimetra altus, a basi ramosissimus, *ephedroideus, ramis ramulisque alternis vel fasciculatis* subteretibus, *apice* acutiusculis *inermibus* strictis striatis; cortice ramorum vetustiorum cinereo-fucescente rimoso; ramis recentioribus viridibus; ramulis novellis simplicibus, elongatis gracilibus, subsericeo-pubescentibus, internodiis foliolis longioribus. *Folia* alterna, *exstipulata*, unifoliolata, sessilia, pulvino squamæformi tricostato; *foliolis fugacibus* 3-5 millimetra longis, lineari-oblongis, sericeo-pubescentibus. *Flores in paniculam racemiformem* 15-30 millimetra longam sub apice ramorum *dispositi, panicula e racemulis lateralibus aphyllis densiusculis sessilibus subsessilibusve fasciculiformibus* 4-7-*floris* (variatione tamen interdum depauperatis imove ad flores solitarios geminosve laterales redactis) *composita*. Pedicelli calycis tubo breviores, apice bibracteolati, bracteolis linearibus mox deciduis. *Calyx persistens*, sericeo-pubescens, *campanulato-bilabiatus*, *labio superiore* inferius subæquante bipartito *lobis late triangulari-ovatis* acuminatis *tubo subdimidio brevioribus*, *labio inferiore breviter tridentato* dentibus subæqualibus triangulari-linearibus. *Corolla marcescens*, lutea; vexillum dorso tantum longitudinaliter sericeum, late triangulari-ovatum alas subæquans; alæ glabræ, carina subæquilatæ eaque breviores; carina dense sericeo-pubescens, cultriformi-oblonga obtusa, demum deflexa genitalia nudans. Ovarium lineari-lanceolatum, sericeo-villosum, sub-6-ovulatum. Stigma terminale. ♄. Florens 15ª die Aprilis 1851 lecta.

In arenosis ad amnem prope *Vera* in provincia Almeriensi (E. Bourgeau, pl. Esp. n. 1133 *a*).

Cette espèce nouvelle très distincte appartient au sous-genre *Spartocarpus* Spach (ann. sc. nat. ser. 3. II. 240), où elle doit constituer une section *Retamospartum* caractérisée par les fleurs fasciculées en petites grappes latérales aphylles assez denses sessiles ou subsessiles. A part le caractère tiré de l'inflorescence, le *G. retamoides* se rapproche beaucoup des *G. spartioides* Spach., *Numidica* Spach, *Gasparrini* Guss. et *ephedroides* DC. qui appartiennent à la section *Ephedrospartum* (Spach loc. cit. 243); il diffère du premier (avec lequel il a de l'analogie par la forme du calice) par les rameaux presque cylindriques et non pas évidemment anguleux, par l'ovaire velu-soyeux et non pas glabre; il se distingue des autres espèces qui viennent d'être mentionnées par les feuilles unifoliolées et non pas trifoliolées, par le calice à deux lèvres presque égales, l'inférieure large presque arrondie et non pas deltoïde et plus longue que la supérieure.

(*Article rédigé d'après des notes de M. Spach.*)

GENISTA UMBELLATA, Poir. encycl. meth. supp. II. 715. — Spach! rev. Genist. in ann. sc. nat. ser. 3. III. 142. non Webb nec Boiss. — Spartium umbellatum, Desf. fl. Atl. II. 133. t. 180.

In rupibus maritimis prope *Cartagena* (E. Bourgeau, 7ª die Aprilis 1851. — pl. Esp. n. 1129).

ONONIS MONTANA, Coss. pl. crit. 103.

In provincia Giennensi (province de Jaën) prope *Trusala* (Blanco, exsicc. 1851. n. 262).

ONONIS SICULA, Guss. cat. hort. reg. in Bocc. in adn. p. 78. — prodr. fl. Sic. II. 387. — DC. prodr. II. 160. — Boiss. voy. 152. t. 46. f. b.

In pascuis apricis prope *Cartagena* (E. Bourgeau, 31ª die Martii 1851. — pl. Esp. n. 1118).

Cette espèce rare n'avait encore été indiquée en Espagne que dans le royaume de Valence sans indication de localité précise (Léon Dufour in herb. DC. ex Boiss.) et aux environs de *Motril* (Boiss. loc. cit.).

ONONIS CROTALARIOIDES, Nob.

Planta annua, herbacea. Caulis 1-3 decimetra longus, à basi ramosus ramis erecto-patulis, pilosus, glandulosus, pube e pilis brevibus et pilis longioribus multiarticulatis constante. Folia pallide virentia, petiolata, unifoliolata, foliolis oblongis obovatisve, tenuiter serratis, breviter glanduloso-pubescentibus; *stipulæ amplæ, petiolo adnatæ* et parte adnata eum subæquantes, triangulares vel triangulari-lanceolatæ. Pedunculi axillares, in planta microphylla folium excedentes, in planta macrophylla folio breviores, filiformes longe aristati. *Flores lutei*, pedicellati, per anthesin nutantes *dein deflexi, pedicello calycis tubo subtriplo longiore, apice pedunculi solitario. Calycis laciniæ lineari-lanceolatæ* acuminatæ, 3-nerviæ, tubo subquadruplo longiores, corollam subæquantes. *Legumen* 15-20 millimetra longum, *oblongum, turgidum* ad utramque suturam vix carinatum, *calyce multo longius*, 5-9-spermum. *Semina* lutescentia, suborbiculata ad hilum emarginata, *papillato-scabra*. ①. Florens fructiferaque 28ª die Maii 1851 lecta.

In incultis prope *Baza* regni Granatensis oppidum ad basim montis *Cerro de Jabalcon* cum *Helianthemo papillari* crescens (E. Bourgeau).

L'*O. crotalarioides* rappelle par son fruit très gros et renflé celui de certaines espèces du genre *Crotalaria*; il est très voisin de l'*O. viscosa* L., dont il me paraît suffisamment distinct par son fruit presque trois fois aussi gros oblong-renflé et non pas linéaire-cylindrique et par ses graines trois fois plus grosses plus fortement tuberculeuses.

ANTHYLLIS GENISTÆ, L. Duf.! ap. DC. prodr. II. 169. — Genista terniflora, Lagasc. nov. gen. et sp. 22. n. 290.

In abruptis inter *Vera* et *Sorbas* regni Granatensis oppida (E. Bourgeau, 15ª die Aprilis 1851. — pl. Esp. n. 1134).

Cette espèce rare n'avait encore été indiquée que dans le royaume de Valence et de Murcie (Lagasc. loc. cit.).

ANTHYLLIS RUPESTRIS, Nob.

Planta perennis, caudice lignoso subtortuoso. *Caules* plures, 2-6 decimetra longi, *basi frutescentes*, erecti vel ascendentes, basi ramosi vel simplices, superne ad basim pedunculorum tantum foliati, sericeopubescentes vel piloso-pubescentes. *Folia* imparipinnata, sessilia, sericeo-pubescentia vel molliter hirsuta; stipulis minimis, nigrescentibus, deciduis et post lapsum puncto glanduliformi indicatis; *foliolis 5-7-jugis, omnibus æqualibus*, oppositis alternisve, *oblongis* mucronatis *vel oblongo-lanceolatis*, in foliis superioribus angustioribus; folia floralia digitata 3-6-foliolata, foliolis lanceolatis. *Flores lutei*, dein luteo-rufescentes, 13-15 millimetra longi, *in glomerulos* sæpius multifloros densos *capituliformes congesti; glomerulis foliis bractealibus foliis floralibus conformibus et glomerulum subæquantibus suffultis, in eodem caule* 2-3, rarius solitariis, *subapproximatis, superiore terminali, cæteris* axillaribus *pedunculatis. Calyx* 1 centimetrum fere longus, breviter pedicellatus, pilosus, tubulosus, tubo membranacco post anthesin subinflato, *laciniis lineari-setaceis* subæqualibus *tubo subdimidio brevioribus*. Petala marcescentia, abrupte et longissime unguiculata; vexillum ovatum basi cordato-sagittatum, alas carinamque longe superans; *alæ* inter se liberæ, *carinæ adhærentes eaque longiores;* carina brevis, incurva, obtusa. *Staminum filamenta sub anthera spathulato-dilatata*, filamento vexillari ad quartam partem tantum libero. Ovarium 4-ovulatum, lineari-lanceolatum, apice-attenuatum, basi in stipitem abiens; *stylus filiformis, inferne rectus, superne abrupte geniculato-ascendens;* stigma capitellatum. *Legumen monospermum*, calyce inclusum, *oblongum* compressum margine acutum, ventre incurvum, *basi in stipitem, apice in mucronem rectum attenuatum,* virens, glaberrimum, venis transversis reticulatum. ♄. Florens et fructifera 22ª die Julii 1850 lecta.

In Hispaniæ austro-orientalis regione montana superiore, in fissuris rupium montis *Padron de Bien Servida* prope *Riopar* regni Murcici oppidum (E. Bourgeau). In monte *Sierra de Segura*, prope *Poyo Segura* et loco dicto *Yelmo* (Blanco, exsicc. 1849. n. 117 et 1851 sub nomine A. podocephala Boiss.).

Cette belle espèce, qui appartient à la section *Vulneraria* DC., doit être placée à côté de l'*A. polycephala* Desf.! (fl. Atl. II. 150. t. 195 in herb. Mus. par. et in herb. Webb) dont elle se rapproche beaucoup par la grosseur des glomérules de fleurs, par la forme du calice et par la grandeur de la corolle; mais dont elle diffère par les tiges dressées et non pas couchées, par les glomérules de fleurs assez rapprochés au nombre de 2-3 pour chaque tige les latéraux assez longuement pédonculés, et non pas espacés sessiles et au nombre de 5-7. — Par les glomérules de fleurs latéraux pedonculés l'*A. rupestris* est voisin des *A. podocephala* Boiss.! (voy. p. 159. t. 48) et *Tejedensis* Boiss.! (voy. p. 159. t. 49) mais il est bien distinct de ces deux espèces par les fleurs beaucoup plus grandes et surtout par les dents du calice presque de moitié plus courtes que le tube et non pas plus longues que lui.

J'ai décrit dans cette espèce les stipules comme très petites caduques et remplacées après leur chute par des points glanduliformes, quoique la forme générale des feuilles et des stipules soit la même que dans l'*A. podocephala* auquel on attribue des stipules semblables aux folioles, parce que les deux petits appendices brunâtres qui se trouvent de chaque côté de la base du rachis sont évidemment les stipules et que ce n'est que par suite d'une erreur d'observation que l'on a pris pour elles les deux folioles inférieures de la feuille. — L'étude des *A. cytisoides* L. et *Genistæ* Dufour, dont les feuilles ord. unifoliolées sont pétiolées et ne présentent à la base du pétiole d'autres stipules que des appendices glanduliformes semblables à ceux de notre espèce, vient complètement confirmer mon observation. — D'après ce que je viens de dire, il est facile de comprendre comment, n'ayant pas reconnu les véritables stipules, les auteurs ont pu décrire une même espèce, les uns comme dépourvue de stipules, les autres comme munie de stipules soudées au pétiole ou comme munie de stipules semblables aux folioles.

ANTHYLLIS RAMBURII, Boiss. voy. 160. t. 50.

Planta perennis, caudice lignoso tortuoso crasso. *Caules* plures, 1-5 decimetra longi, *frutescentes*, erecti vel ascendentes, basi ramosi, superne sæpius simplices graciles et ad basim pedunculorum tantum foliati, minute pubescentes pube adpressa. *Folia* imparipinnata, breviter petiolata; stipulis minimis, nigrescentibus, deciduis et post lapsum puncto glanduliformi indicatis; *foliolis* 7-13, *omnibus æqualibus*, oppositis alternisve, *obovatis vel oblongo-obovatis* muticis, subsericeo-pubescentibus; folia floralia digitata 3-4-foliolata. *Flores lutei*, dein sæpe luteo-rufescentes, 6-7 millimetra longi, *in glomerulos* multifloros densos *capituliformes congesti; glomerulis foliis bractealibus foliis caulinis subconformibus et glomerulum æquantibus suffultis*, in eodem caule 2-3 rarius solitariis, *superiore terminali, cæteris* axillaribus *pedunculatis* pedunculo aliquando folium superante. *Calyx* breviter pedicellatus, piloso-sericeus, tubulosus, tubo submembranaceo post anthesin subinflato et sæpe fisso, *laciniis lineari-subulatis tubo subdimidio brevioribus*. Petala marcescentia sed calyce fisso decidua, abrupte et longe unguiculata; vexillum ovatum basi cordatum, carinam longe superans; *alæ* inter se liberæ, *carinæ adhærentes eaque paulo longiores;* carina brevis incurva, obtusa. Staminum filamenta sub anthera vix dilatata, filamento vexillari ad medium libero. Ovarium 3-5-ovulatum, lineari-lanceolatum, utrinque attenuatum; *stylus filiformis basi rectus abrupte geniculato-ascendens;* stigma capitellatum. *Legumen monospermum*, calycem haud excedens, *oblongum*, compressiusculum margine acutum, ventre incurvum, *basi in stipitem apice in mucronem rectum attenuatum*, virens, glaberrimum, venis transversis reticulatum. ♄. Florens 12ª die Junii 1851 lecta.

In rupibus verticalibus regionis montanæ superioris, in monte *Sierra de Sagra* prope *Huescar* regni Granatensis oppidum (E. Bourgeau, pl. Esp. 1851, n. 1134 *b*) et regni Murcici et Castellæ novæ ad limites in monte *Sierra de Segura* loco *Romo* dicto (Blanco, exsicc. 1851, n. 168), necnon in provincia Giennensi (royaume de Jaën) in fissuris rupium montis *Sierra de Jaen* (Funk, Julio 1848, floribus et fructibus jam delapsis), etiam in regno Granatensi prope pagum *Alfacar* (Rambur ap. Boiss. voy.).

J'ai cru devoir donner une description détaillée de cette espèce que M. Boissier n'avait pu décrire que d'une manière incomplète, n'ayant eu à sa disposition qu'un seul échantillon et n'en ayant pas vu le fruit.

ANTHYLLIS ONOBRYCHIOIDES, Cav. ic. II. 40. t. 150.

Planta perennis, caudice lignoso. *Caules* plures, 2-4 decimetra longi, *basi lignosi* subtortuosi cortice fucescente, *erecti*, basi ramosi, superne simplices graciles et ad basim pedunculorum tantum foliati, minute pubescentes pube adpressa. *Folia* imparipinnata, sessilia vel breviter petiolata; stipulis minimis nigrescentibus, deciduis et post lapsum puncto glanduliformi indicatis; *foliolis* 5-9, *omnibus æqualibus*, oppositis alternisve, *lineari-oblongis* obtusiusculis, marginibus valde involutis, pagina superiore glabrescentibus, pagina inferiore subsericeo-pubescentibus; folia floralia digitata 3-5-foliata, foliolis linearibus. *Flores minuti*, pallide *lutei*, circiter 4 millimetra longi, *flores Dorycnii suffruticosi subæquantes*, *in glomerulos minutos* multifloros densos *capituliformes congesti; glomerulis* foliis bractealibus parvis suffultis in eodem caule sæpius 2 *altero terminali, altero axillari pedunculato pedunculo folio multo longiore* erecto. *Calyx* breviter pedicellatus, sericeo-pubescens, campanulato-tubulosus, tubo subherbaceo post anthesim vix accreto, *laciniis* subæqualibus *triangularibus tubo subtriplo brevioribus*. Petala marcescentia?, abrupte et longe unguiculata; vexillum ovatum basi truncatum, carinam subæquans; *alæ* inter se liberæ, *carinæ adhærentes*, *eaque paulo breviores;* carina brevis incurva, obtusa. *Staminum filamenta sub anthera dilatata, filamento vexillari ad medium libero*. Ovarium 2-ovulatum, lanceolatum utrinque attenuatum; *stylus filiformis basi rectus abrupte geniculato-ascendens ;* stigma minimum capitatum. *Legumen* (immaturum tantum visum) calyce inclusum, *oblongo-lanceolatum, utrinque attenuatum*, glaberrimum, stylo apicali. ♄. Florens 26ª die Maii 1850 lecta.

In rupestribus regionis calidæ superioris regni Murcici, in monte *Sierra de las Cabras* prope *Hellin* (E. Bourgeau, pl. Esp. 1850 n. 624 sub nomine Dorycnopsis Gerardi Boiss.). In regno Giennensi (province de Jaën) (Blanco exsicc. 1849. n. 356). In saxosis versus superiora montium Valldignæ qua ascenditur ad fontem vulgo *del Abadijo*, in *Barranco del Sirer* et alibi in dictis montibus (Cav. loc. cit.).

L'*A. onobrychioides* est tellement voisin par le port de l'*A. Gerardi* L. (Dorycnopsis Gerardi Boiss. voy. bot. Esp. 163) que je l'avais d'abord confondu avec cette dernière espèce dans la collection des plantes recueillies en Espagne en 1850 par M. Bourgeau; ce n'est qu'en faisant la révision des espèces du genre, à l'occasion de l'étude de l'*A. rupestris* Nob., que je l'en ai distingué, en le considérant alors comme une espèce nouvelle, me fondant sur l'opinion de M. Moris (fl. Sard. I. 426) et sur celle de M. Boissier (voy. Esp. 164) qui réunissaient l'*A. onobrychioides* Cav. avec l'*A. Gerardi* L.. Plus tard, MM. Boissier et Reuter (pugill. pl. nov. 36) ont publié une note dans laquelle ils indiquent très sommairement quelques-unes des différences qui distinguent les deux plantes; mais j'ai cru néanmoins devoir donner ici la description complète de l'*A. onobrychioides* qui a été généralement méconnu, en appelant l'attention sur ses véritables affinités génériques.

L'*A. onobrychioides* se distingue de l'*A. Gerardi* par les tiges ligneuses à la base et non pas herbacées, par les feuilles à folioles plus étroites, par les fleurs jaunes et non pas roses et surtout par l'analyse des parties de la fleur : ainsi, dans l'*A. onobrychioides* les dents du calice sont triangulaires environ trois fois plus courtes que le tube et non pas linéaires-lancéolées égalant presque la moitié de la longueur du tube, les ailes sont un peu plus courtes que la carène et non pas beaucoup plus longues, les filets des étamines sont dilatés et non pas presque cylindriques, le style est filiforme droit à la base et brusquement genouillé-ascendant et non pas insensiblement arqué dès la base et très renflé vers sa partie moyenne, le légume est oblong-lancéolé atténué aux deux extrémités et non pas obovale-renflé présentant l'insertion du style latéralement vers la suture supérieure.

L'*A. onobrychioides* établit le passage entre les vrais *Anthyllis* et le genre *Dorycnopsis* Boiss.: en effet, par le port, par le calice à peine accrescent après la floraison, par les étamines subdiadelphes notre plante se rapproche du genre *Dorycnopsis ;* mais elle se rattache au genre *Anthyllis* par les filets des étamines dilatés et par la forme du fruit et du style.

D'après les échantillons de l'herbier de Tournefort du *Barba Jovis minor, Lusitanica flore minimo variegato* (inst. rei herb. 651) que Linné donne comme un synonyme de son *A. heterophylla* (L. sp. 1013), l'*A. heterophylla* est la même espèce que l'*A. Gerardi* (L. mant. 1ª 100). — J'ai cru cependant devoir conserver le nom d'*A. Gerardi*, sous lequel la plante est généralement connue, d'autant plus que la description du *Species* est très imparfaite et comprend peut-être une autre espèce.

MEDICAGO LEIOCARPA, Benth. cat. Pyr. 100.

In regione montana inferiore ad regni Murcici limites, *Sierra de Segura* (Blanco, exsicc. 1821. n. 117).

Cette plante n'avait encore été indiquée en Espagne que dans la *Sierra de Chiva* (Willkomm exsicc. — Kunze bot. zeit.).

MELILOTUS MESSANENSIS, Desf. Atl. II. 192. — Moris, fl. Sard. t. 58 optima.

In arvis prope *Cartagena* (E. Bourgeau, 26ª die Martii 1851. — pl. Esp. n. 1154).

Cette espèce n'avait encore été indiquée qu'en Algérie, en Sicile, en Piémont, en Sardaigne, en Corse et aux env. de Toulon.

ASTRAGALUS BOURGÆANUS, Nob.

Planta perennis, multicaulis, subvillosa pilis simplicibus, caudice multicipite in radicem fusiformem desinente. Caules 6-15 centimetra longi, diffuso-decumbentes. Folia 6-12-juga, foliolis oblongis apice emarginatis, utrinque pilosis; *stipulæ* herbaceæ, ovato-lanceolatæ acuminatæ *basi in unam oppositifoliam* plus minusve *coalitæ*. *Flores purpurei*, erecti, *in spicas* plurifloras *subglobosas* capituliformes post anthesin haud elongatas pedunculatas *congesti*; pedunculo communi folio breviore; bracteis lanceolato-linearibus. *Calyx* villosus, pube sæpius pilis nigris permixta, *tubulosus*, dentibus anguste linearibus tubo brevioribus. *Vexillum alas longissime superans*, oblongum, apice subemarginatum, *alæ* oblongæ, obtusæ, *integræ*, carina multo longiores. Ovarium brevissime stipitatum. *Legumina pubescentia pube subadpressa*, *erecta*, 10-13 millimetra longa, circiter 2 millimetra lata, *estipitata*, *cylindraceo-trigona*, *in mucronem* subuncinatum *attenuata* subtus anguste profundeque canaliculata. ♃. Florens fructiferque 21ª die Maii 1851 lectus.

In regione montana media regni Granatensis, in monte *Sierra de Baza* cum Hohenackeria bupleurifolia et Marrubio supino (E. Bourgeau, pl. Esp. n. 1144).

Cette espèce, très voisine par le port de l'*A. purpureus* Lam., à côté duquel elle doit être placée, en diffère par les fleurs plus petites à pédoncule commun plus court et surtout par les fruits pubescents à pubescence presque appliquée étroits cylindriques-trigones étroitement canaliculés en dessous (rappelant ceux des *A. Stella* et *sesameus*) et non pas très velus ovales-trigones larges et largement canaliculés en dessous.

ASTRAGALUS CRUCIATUS, Link enum. II. 256.

In collibus arenosis supra *Suja* prope *Baza* in regno Granatensi (E. Bourgeau, 28ª die Maii 1851. — pl. Esp. n. 1141 *a*).

ASTRAGALUS VESICARIUS, L. sp. II. 1071. — Vill. Dauph. III. 463. t. 42. f. 1.

In regione subalpina montis *Sierra de Baza* in regno Granatensi (E. Bourgeau, 2ª die Junii 1851. — pl. Esp. n. 1137).

Cette espèce n'avait encore été mentionnée dans l'Espagne méridionale que dans la *Sierra Nevada* et à *Hifac* dans le royaume de Valence (Boissier voy.).

ASTRAGALUS DEPRESSUS, L. sp. II. 1073. — All. fl. Ped. t. 19. f. 3.

In regione alpina superiore montis *Sierra de Baza* in regno Granatensi (E. Bourgeau, 2ª die Maii 1851. — pl. Esp. n. 1146).

L'*A. depressus* n'avait encore été observé dans l'Espagne méridionale qu'à la *Sierra Tejeda* (Boiss. voy.).

ASTRAGALUS NARBONENSIS, Gouan illustr. 49. var. GLABRESCENS.

Caulis foliaque glabrescentia vel sparse pilosa, cætera ut in planta typica.

Sierra Nevada, in regione montana, loco dicto *Cortijo de la Vibora*, ubi abunde crescit (E. Bourgeau, Julio 1851. — pl. Esp. n. 1143). In provincia Giennensi (province de Jaën) prope *Trusala* (Blanco, exsicc. 1851. n. 255).

Cette variété ne diffère de la plante type du midi de l'Espagne et des environs de Narbonne que par la tige et les feuilles glabrescentes ou munies de poils épars et non pas mollement hérissées.

ASTRAGALUS EXSCAPUS, L. mant. 275.

In arvis incultis regionis calidæ superioris inter oppidum *Baza* et montem *Sierra de Baza* (E. Bourgeau, 16ª die Maii 1851. — pl. Esp. n. 1135 *a*).

Cette espèce n'avait pas encore été indiquée en Espagne, elle n'est mentionnée que dans les montagnes du Valais!, du Tyrol, de la Thuringe, de la Bohême, de l'Autriche, de la Hongrie et de l'Ukraine. — Les échantillons recueillis par M. Bourgeau ne diffèrent en rien de ceux que j'ai récoltés en Valais dans la vallée de Zermatten.

ASTRAGALUS INCURVUS, Desf. fl. Atl.! II. 182. t. 203.

Ad basim montis *Sierra de Baza* in regno Granatensi (E. Bourgeau, 17ª die Maii 1852. — pl. Esp. n. 1550).

CORONILLA GLAUCA, L. sp. 1047.

In regione calida ad basim montis *Cerro de Jabalcon* prope *Baza* in regno Granatensi (E. Bourgeau, 28ª die Maii 1851).

Cette plante n'avait encore été indiquée en Espagne qu'avec doute (DC. prodr.); elle a été observée en Portugal dans la *Serra da Arrabida* et dans les montagnes du cap *Espichel* (Webb, it. Hisp.).

HIPPOCREPIS SQUAMATA, Coss, pl. crit. 105.—Coronilla squamata, Cav. ic. II. 43. t. 155.

In regione montana inferiore montis *Sierra de Sagra* prope *Huescar* in regno Granatensi (E. Bourgeau, 12ª die Junii 1851. — pl. Esp. n. 1149 *a*).

ONOBRYCHIS STENORHIZA, DC. prodr. II. 346. — Coss. pl. crit. 105. — Hedysarum stenorhizum, Duf. mss.! in herb. Webb.

In collibus calcareis petrosis prope *Baza* regni Granatensis oppidum (E. Bourgeau, 26a die Maii 1851. — pl. Esp. n. 1150). In argillosis inter pagos *Maria* et *las Canadas* et in monte *Sierra de Sagra* (Willkomm in Linnæa XXV).

GEUM HETEROCARPUM, Boiss. voy. 201. t. 58.

In dumetis ad cacumen montis *Sierra de Segura* regni Murcici ad limites (E. Bourgeau, 12a die Julii 1850, jam emarcidum). In dumetis umbrosis Juniperi Sabinæ in regione alpina montis *Sierra de Sagra* in regno Granatensi (E. Bourgeau, 6a die Junii 1851. — pl. Esp. n. 1169).

Cette belle plante n'était encore indiquée en Espagne qu'à la *Sierra Tejeda*, à la *Sierra de las Nieves* et à la *Sierra Nevada* (Boiss. loc. cit.).

POTERIUM LATERIFLORUM, Coss. pl. crit. 107.

In regione montana superiore montis *Sierra Nevada* ad locum *Cortijo de la Vibora* dictum (E. Bourgeau, 15a die Julii 1851. — pl. Esp. n. 1168).

Les échantillons recueillis à la *Sierra Nevada* sont identiques avec ceux des env. de *Riopar* dans le royaume de Murcie.

CUCUMIS COLOCYNTHIS, L. sp. II. 1435.

In arenosis maritimis ad promontorium *Cabo de Gata* frequentissima (E. Bourgeau, 20a die Septembris 1851. — pl. Esp. n. 1172).

Cette plante n'avait encore été indiquée en Espagne que dans l'Andalousie à *Adra*, à *Onil*, etc. (Boiss. voy. — Webb, it. Hisp.).

PARONYCHIA ARETIOIDES, DC. prodr. III. 371. — P. serpyllifolia var. aretioides, Boiss. voy. 220.

In collibus apricis prope *Huescar* regni Granatensis oppidum (E. Bourgeau, 6a die Junii 1851. — pl. Esp. n. 1340). Prope *Chinchilla* regni Murcici oppidum (E. Bourgeau, 31a die Maii 1850. — pl. Esp. n. 658).

Cette plante n'avait encore été indiquée que dans le royaume de Valence (DC. loc. cit.), dans le royaume de Murcie dans la *Sierra de Segura* (Munos in Boiss. loc. cit.) et dans le royaume de Grenade à la *Sierra Tejeda* et à *Alfacar* (Boiss. loc. cit.).

QUERIA HISPANICA, Loefl. Span. land. p. 69.

In collibus arenosis prope *Baza* regni Granatensis oppidum (E. Bourgeau, 23a die Maii 1851. — pl. Esp. n. 1347).

MINUARTIA MONTANA, Loefl. Span. länd. p. 173. n. 122. t. 1. f. 4. —M. Bieb. Taur.-Cauc. I. 90.—DC. prodr. III. 380.—Boiss. voy. Esp. p. 222. — M. campestris, Desf. fl. Atl. I. 116. — Alsine campestris, Fenzl, verbreit. d. Alsin. in tab. ad. p. 57. (syn. ex cl. Gay).

In collibus argillosis prope *Suja* in provincia Almeriensi (E. Bourgeau, 28ª die Maii 1851. — pl. Esp. n. 1347 *a*). In collibus incultis Algeriæ prope *Mostaganem* (Balansa, 25ª die Martii 1851. — pl. Alg. n. 81, sub nomine M. campestris).

Cette plante n'avait encore été observée dans l'Espagne méridionale qu'au *Cerro de S. Anton* près *Malaga* et aux env. de *Yunquera* (Boiss. loc. cit.).

MINUARTIA CAMPESTRIS, Loefl. Span. land. p. 174. n. 123.—Boiss. voy. Esp. p. 222. —M. montana, Cav. ic. 568. f. 1.

In collibus incultis prope *Almeria* in regno Granatensi (E. Bourgeau, 2ª die Maii 1851). — In collibus incultis Algeriæ prope *Mostaganem* (Balansa, 25ª die Martii 1851. — pl. Alg. n. 80, sub nomine M. montana).

Cette plante n'avait encore été indiquée que dans le centre de l'Espagne près de Madrid (Lagasca, Carreno ap. Boiss. loc. cit.) et en Navarre près de *Tudela* (L. Dufour ap. Boiss. loc. cit.).

SEDUM PRUINATUM, Brot. fl. Lusit. II. 209 (1804). — S. elegans, Lej. fl. Spa, I. 205. (1811).

In regione calida superiore montis *Sierra de Maria* ad cacumen in regno Granatensi (E. Bourgeau, 10ª die Junii 1851.). Ad cacumen montis *Sierra de Segura* in regno Murcico (E. Bourgeau, 12ª die Julii 1850. — pl. Esp. n. 667.). — In saxosis montis *Sierra de Gerez* in Duriminia Lusitaniæ provincia (Welwitsch, it. Lusit. cont. 1851. n. 147.)

D'après les échantillons recueillis par M. Welwitsch à la localité citée par Brotero pour son *S. pruinatum*, la plante de cet auteur est évidemment la même que le *S. elegans* Lej. et le nom de *S. pruinatum* doit être adopté à cause de son antériorité. — Cette espèce qui n'avait pendant longtemps été indiquée qu'aux environs de Maestricht (Lejeun. loc. cit.) a été observée dans le centre, l'est et l'ouest de la France depuis qu'elle est mieux connue des botanistes, mais elle n'avait pas été récemment constatée dans le midi de l'Europe.

SEDUM NEVADENSE, Nob.

Planta annua, glabra, radice perbrevi radicellis omnibus fere ad collum nascentibus. Caulis solitarius, erectus, 4-10 centimetra longus, inferne simplex, superne paniculato-ramosus. *Folia linearia,* obtusa, *subteretia supra planiuscula,* erecta, *basi æquali sessilia,* inferiora in planta florente sæpius jam evanida. *Panicula glabra, subracemoso-corymbosa.* Flores minuti, longiuscule pedicellati. *Calyx corolla di-*

midia longior, sepalis crassiusculis oblongis subcontiguis. Petala 5, *ovato-lanceolata acuta, albida* nervo dorsali virescenti vel roseo. Carpella stylo breviter aristata. ①. Florens et fructiferum 4ª die Julii 1851 lectum.

In regione alpina montis *Sierra Nevada*, in rivulis prope *Barranco de Benalcaza* (E. Bourgeau, pl. Esp. n. 1175.).

Cette plante très voisine du *S. villosum* L. en diffère par la glabreité de toutes ses parties, par le calice à sépales oblongs presque contigus dépassant la moitié de la longueur de la corolle et non pas linéaires-oblongs espacés n'atteignant pas la moitié de la longueur de la corolle et par les carpelles à style plus court.

SAXIFRAGA CAMPOSII, Boiss. et Reut. ! pugill. pl. nov. 1852. 47.

In regione montana inferiore montis *Cerro de Jabalcon* prope *Baza* regni Granatensis oppidum (E. Bourgeau, 28ª die Maii 1851. — pl. Esp. n. 1180.) In montibus *Sierra de Maria* et *Sierra de Sagra* (Willkomm in Linnæa XXV).

Cette belle espèce n'est indiquée par MM. Boissier et Reuter que dans les rochers de la *Sierra de Loja* dans le royaume de Grenade où elle a été découverte en Juin 1849 par Don Pedro del Campo.

SAXIFRAGA HAENSELERI, Boiss. et Reut. ! diagn. pl. nov. Hisp. p. 13.

In regione montana montis *Sierra de Sagra* prope *Huescar* regni Granatensis oppidum (E. Bourgeau, 13ª die Junii 1851. — pl. Esp. n. 1183). In monte *Sierra de Segura* loco dicto *Castillo de Segura* (Blanco exsicc. 1849. n. 338. sub nomine S. globulifera Desf.). *San Blas* prope *Siles* (Blanco, Maio 1851. pl. exsicc. n. 23.)

HOHENACKERIA BUPLEURIFOLIA, Fisch. et Mey. ind. II. hort. Petrop. 1835. p. 39.—Cesati in Linnæa XI. 323. t. 7.—Hohenack. enum. pl. Talysch in bull. soc. imp. Mosc. VI. 90.—Ledeb. fl. Ross. II. 240.—J. Gay, Eryng. hept. in ann. sc. nat. ser. 3. Mart. 1848. IX. 154.—Valerianella exscapa, Stev. in mem. soc. nat. Mosc. III. 251.—DC. prodr. IV. 625. — Fedia exscapa, Roem. et Schult. syst. veget. I. 366.—F. acaulis, Stev. in mem. soc. nat. Mosc. V. 354.—M. Bieberst. fl. Taur.-Cauc. III. 35.

In Hispania australi, in pascuis apricis regionis montanæ inferioris montis *Sierra de Baza* prope oppidum *Baza* regni Granatensis, ad fodinas plumbeo-argentarias cum Marrubio supino et Astragalo Bourgæano (E. Bourgeau, 20ª die Junii 1851 vix fructifera lecta. —pl. Esp. n. 1192 *a*, per errorem sub nomine H. bupleuroides in schedula).—In Algeria occidentali, in glareosis et in terra mobili planitiei excelsæ (*haut plateau*) supra *Saïda* haud infrequens, ex. gr. in locis *Timetlas !*, *Sfid !*, *Tafraoua !* dictis (comitantibus Balansa et Gallerand, 25ª die Maii 1852 jam fructifera mihi occurrit).—In provinciis Caucasicis : in arvis sabulosis inter urbem *Elisabethpol* et coloniam *Helenendorf* raro, copiosa prope muros urbem *Elisabethpol* (*Gandsha*) circumdantes (Stev. loc. cit.—Hohenack. loc. cit. et exsicc.pl. Iber. un. itin. 1838-42).

La découverte de cette espèce orientale en Espagne et en Algérie est une nouvelle preuve qu'un assez grand nombre d'espèces peuvent, sous une même latitude, se trouver également aux extrémités orientale et occidentale de la région méditerranéenne et même au-delà des limites de cette région.

Les échantillons recueillis en Espagne par M. Bourgeau et ceux observés par nous en Algérie étant identiques à ceux des provinces Caucasiennes, je ne crois pouvoir mieux faire que de reproduire ici l'excellente description que M. Gay a donné de l'*H. bupleurifolia* dans les *Annales des sciences naturelles ;* je ferai seulement observer que les pétales sont blanchâtres, ainsi que les décrivent MM. Fischer et Meyer, et non pas rougeâtres, et que, de même que ces auteurs, je n'ai pas rencontré de canaux résinifères dans les vallécules.

HOHENACKERIA, Fisch. et Mey.

loc. cit. 38. — Cesati, loc. cit. — Hohenack. loc. cit. — Meisn. gen. plant. 141 et 358. — Endlich. gen. plant. n. 4389. — Ledeb. loc. cit. — Gay, loc. cit.

« Capitula sessilia, exinvolucrata, pauciflora, receptaculo planiusculo nudoque non paleato. Flores sessiles hermaphroditique omnes. Dentes calycini 5, vel unius lateralium duorumve abortu 4 tantum vel 3, subulati, patentes, demum spinescentes, æstivatione aperta. Petala elliptica cum lacinula infracta. Filamenta brevissima, æstivatione erecta!. Styli brevissimi. Stylopodium conicum, stipite longiusculo columnari suffultum. Fructus tetragono-pyriformis, sua sponte non bipartibilis, apice in collum columnare dentibus calycinis spinescentibus coronatum abrupte coarctatus, carpophoro nullo, commissura plana, in costam longitudinalem medio elevata ; hemicarpia convexa, suberoso-crasse corticata, strato corticis interiore densiore corneo, glaberrima, quinquejugata, jugis solidis, obtusis, valleculis acutis, obscure univittatis. Semen pericarpio adnatum, profunde sexsulcatum, costis radiantibus, 5 dorsalibus in hemicarpii juga penetrantibus, sexta breviore ad commissuram inde medio costatam versa. »

« Genus optimum et singularissimum, capitulis exinvolucratis, stylopodio stipitato, fructu suberoso-crasse corticato, vittis valleculas non juga spectantibus !, seminibus costato-profunde sulcatis et habitu ! Saniculeis omnibus distinctissimum. — Species hucusque unica. »

H. BUPLEURIFOLIA, Fisch. et Mey.

« Herba annua, glaberrima, pumila, conglobata, cum foliis 3 vix unc. longa, radice filiformi, fibrillosa, caulibus ex una radice exque foliorum radicalium rosula media 4 vel 5, brevissimis, erectis, bis, rarius ter dichotomis, sub dichotomia singula opposite foliatis, cæterum nudis, foliis cum radicalibus tum caulinis caules longe superantibus, geminatim basi connatis, trinerviis, angustissimis, filiformibus inferne, superne lineari-lanceolatis, margine calloso-denticulatis. Flores supra aream colli radiculis mediam, quam caules imi cingunt, inque dichotomiarum caulinarum alis aggregati, 7-18 numero, plane exinvolucrati paleisque nullis distincti, sessiles, calycis tubo tereti, mox fusiformi, demum turbinato, dentibus unam tubi partem dimidiam vel tertiam longis, remotiusculis, solidis, subulatis, sectione transversa teretibus, petalis dentes excedentibus, rubellis, elliptico-subrotundis, non emarginatis, lacinula dimidium petalum longa, integerrima, acute ovata, filamentis petalorum longitudine, anthera elliptica, apice retusa vel mamillata, basi cordato-emarginata ibique filamento affixa, stylis cum stylopodio stipitato vix limbum calycinum longis. Fructus pro modulo plantæ pusillæ magni, 5 millim. longi, supra receptaculum dense congesti eique firmiter adnexi, non decidui neque in sua hemicarpia sponte soluti, sed basi apiceque, collo mediante, arcte connati, quamvis à parte commissurali media liberi. — Eadem hic quæ apud Eryngia nonnulla recurrit impedita nodorum caulinorum evolutio, qua caules pro uno, radice ex una, plures nasci videntur. »

(J. Gay, *Eryng. hept.* in. ann. sc. nat. 1848.)

IMPERATORIA HISPANICA, Boiss. voy. 252. t. 74.

In fossis ad urbem *Murcia* haud infrequens (E. Bourgeau, *Fl.* 3ª die Octobris. *Fr.* Novembre 1851: — pl. Esp. n. 1185.).

Cette belle espèce n'avait encore été observée en Espagne qu'aux environs de Grenade et d'*Alhama* et dans la *Sierra Nevada* (Boiss. loc. cit.).

DAUCUS AUREUS, Desf. fl. Atl. I. 242. t. 61. — Guss. prodr. fl. Sic. I. 323. et synops. fl. Sic. 353. non Sm. et Sibth. prodr. fl. Græc. I. 185 sec. cl. Guss. loc. cit.

In cultis provinciæ Giennensis (provincia de Jaën) prope *Trusala* (Blanco, exsicc. 1851. n. 234.).

Cette plante n'avait encore été indiquée qu'en Algérie, en Sicile et en Calabre.

DURIEUA HISPANICA, Boiss. et Reut. diagn. pl. nov. Hisp. 14. — Caucalis Hispanica, Lam. encycl. meth. bot. I. 658.

Sierra Nevada, in regione subalpina, in arvis ad locum *Cortijo de S. Geronimo* dictum (E. Bourgeau, 28ª die Junii 1851. —pl. Esp. n. 1208.).

SCANDIX PINNATIFIDA, Vent. hort. Cels. t. 14.

In regione calida montis *Cerro de Jabalcon* prope *Baza* regni Granatensis oppidum (E. Bourgeau, 28a die Maii 1851. — pl. Esp. n. 1199.).

Cette plante orientale n'avait encore été observée en Espagne que dans la *Sierra Tejeda* (Boiss. voy.) et dans la *Sierra de Almola* (Bourgeau ap. Coss. pl. crit. 38.).

CALLIPELTIS CUCULLARIA, DC. prodr. IV. 613.

In glareosis montis *Sierra de Gador* ad *Berja* in ditione Almeriensi (E. Bourgeau, 1a die Maii 1851. — pl. Esp. n. 1218.). Ad oppidum *Senez* prope *Granada* abunde crescens (Funk, 1848). In pluribus locis regni Granatensis : *Sierra Tejeda*, *Sierra de Lujar*, *Sierra Nevada* prope pagum *Guejar*, *Sierra de las Almijarras*, *Sierra de Jurana*, *Sierra de Elvira* (Willkomm in Linnæa XXV).

Cette plante n'avait encore été indiquée en Espagne qu'aux environs d'*Aranjuez* (DC. loc. cit.), dans la *Sierra Tejeda* (Boiss. voy.) et aux environs d'*Hellin* (Bourgeau, ap. Coss. pl. crit. 113.).

CRUCIANELLA PATULA, L. sp. 602.

In arvis arenosis prope *Huescar* (E. Bourgeau, 4a die Junii 1851. — pl. Esp. n. 1221.).

Cette espèce qui a été observée également dans la Castille, la Navarre et le royaume de Valence n'avait encore été indiquée dans l'Andalousie qu'à une seule localité, à la *Fuente de la Mora* près *Antequera* (Prolongo ap. Boiss. voy.); elle a été découverte en Algérie par M. Durieu sur le plateau de *Setif* et de *Saïda !*

GALACTITES DURIÆI, Spach ap. Durieu expl. sc. Alger. t. 53 et in Duchartre rev. bot. I. 363. — G. pyracantha, Durieu in herb. olim.

In incultis prope *Cartagena* (E. Bourgeau, 31a die Martii 1851.).

M. Durieu avait déjà recueilli cette belle espèce à la même localité en 1824, et, peu d'années après, M. Webb la retrouvait à Alicante; elle n'a pas depuis été constatée en Europe à d'autres localités; elle est assez répandue dans l'ouest de l'Algérie ! (Durieu loc. cit.).

AMBERBOA LIPPII, DC. prodr. VI. 559. — Centaurea Lippii, L. sp. 1286. — Volutarella Lippii, Cass. dict. sc. nat. XLIV. 39.

In arvis arenosis inter urbes *Vera* et *Almeria* (E. Bourgeau, 14a die Aprilis 1851. — pl. Esp. n. 1239).

Cette plante n'avait pas encore été observée en Europe, elle n'était indiquée qu'en Algérie !, en Egypte, en Arabie (Schimper !) et aux Canaries (Webb !).

C'est à tort que De Candolle (loc. cit.) décrit les akènes comme étant lisses entre les côtes, ils sont très évidemment ridés transversalement.

EUPATORIUM CORSICUM, Requien in Loisel. nouv. not. 36. et fl. Gall. ed. 2. II. 223. — Gren. et Godr. fl. Fr. II. 85.— E. Soleirolii, Lois. nouv. not. 36 et fl. Gall. ed. 2. II. 223. — Soleirol exsicc. Cors. n. 2471. — Kralik, pl. Cors. n. 631 et n. 631 *a*.

In humidis regionis montanæ ad regni Murcici limites, *Sierra de Segura* (Blanco, 1851.).

L'*E. Corsicum* n'avait encore été indiqué dans le Midi de l'Espagne qu'aux environs de Grenade et de *Yunquera* (Boiss. voy.). — Cette plante, dont j'ai été à même d'examiner de nombreux échantillons recueillis en Corse ou cultivés, m'a paru distincte de l'*E. cannabinum* L., auquel elle a été réunie comme variété par la plupart des auteurs; elle en diffère par les tiges plus grêles moins élevées, et par les feuilles ovales indivises grossement dentées quelquefois presque pinnatifides plus rarement bi-trifides à lobes latéraux ovales ou oblongs, et non pas palmatiséquées à 3-5 segments pétiolulés lancéolés-acuminés dentés à dents aiguës.

PROLONGOA PECTINATA, Boiss. voy. Esp. 320. t. 93 *a*.

In cultis ad basim montis *Sierra de Sagra* prope *Huescar* regni Granatensis oppidum (E. Bourgeau, 6ª die Junii 1851. — pl. Esp. n. 1349.). In pascuis loco dicto *Benta del Baoul* prope *Guadix* (E. Bourgeau, 17ª die Maii 1851. — pl. Esp. n. 1350.).

Le *P. pectinata* n'avait encore été indiqué qu'aux environs de Malaga, de Madrid et d'Aranjuez (Boiss. loc. cit.).

LEYSSERA CAPILLIFOLIA, DC. VI. 279. — Gnaphalium leysseroides, Desf. fl. Atl. II. 267. — Leptophytus leysseroides, Cass. dict. sc. nat. XXVI. 78. — Longchampia capillifolia, Willd. mag. der naturf. ges. Berl. 1811. 160.

In collibus arenosis promontorii *Cabo de Gata* ad locum *Cortijo de Savinal* dictum (E. Bourgeau, 22ª die Aprilis 1851. — pl. Esp. n. 1260.) necnon in ditione Almeriensi in sabulosis prope *Santa Fe* (E. Bourgeau, 15ª die Maii 1851 jam emarcida.).

Cette espèce nouvelle pour l'Europe n'était indiquée que dans les sables du désert de Tunis près d'*El Hammah* (Desf. loc. cit.) et au Mont Sinaï (Ruppell ap. DC. loc. cit.).

IFLOGA FONTANESII, Cass. dict. sc. nat. XXIII. 14. — Fenzl, Gnaphal. 34. — Trichogyne cauliflora, DC. prodr. VI. 266. — Gnaphalium cauliflorum, Desf. ! fl. Atl. II. 267. — Labill. dec. IV. 4. t. 2. f. 1. — var. PALLIDA, Nob.

Capitula pallide lutescentia nec stramineo-rutila vel crocea, cætera ut in planta typica.

In arvis arenosis Hispaniæ orientalis australioris ad promontorium *Cabo de Gata* (E. Bourgeau, 23ª die Aprilis 1851. — pl. Esp. n. 1549).

Cette espèce n'avait pas encore été rencontrée en Europe et n'avait été indiquée que dans le royaume de Tunis, en Syrie, en Egypte, en Arabie et dans l'Inde près de *Sahrumpore*.

SENECIO AURICULA, Bourgeau in litt.

Planta perennis, caudice crassiusculo subobliquo ad collum dense villoso-tomentoso et rosulas 1-2 foliorum radicalium edente. Caulis solitarius, rarius caules 2-3, 10-35 centimetra longus, erectus, teres, basi simplex superne in pedunculos 2-5 divisus, paucifolius, inferne purpurascens, pubescenti-araneosus pube detersibili. *Folia crassa subcarnosa, radicalia* et 1-2 inferiora 2-10 centimetra longa, *obovata vel oblonga in petiolum sensim attenuata, integerrima*, quemadmodum Primulam auriculam referentia, primum parce subarachnoideo-pubescentia dein glabra; *caulina haud decurrentia*, media oblonga, superiora minima bracteiformia linearia. *Capitula* 2-5, *longiuscule pedunculata* in corymbum disposita, pro modulo plantæ majuscula. *Involucrum campanulatum* parce arachnoideo-pubescens, *foliolis* linearibus apice *esphacelatis* et pubescentibus, *accessoriis paucis* linearibus adpressis involucro brevioribus. *Flosculi radiantes* 9-12, plani, ligulati, discum longe superantes, patentes. *Achænia incano-pubescentia*, pappo corollam flosculorum disci æquante. ♃. Florens fructiferque 26ª die Maii 1851 lectus.

In paludosis salsis regni Granatensis prope *Baza* (E. Bourgeau, pl. Esp. n. 1259).

Cette espèce très distincte, par la souche vivace, les feuilles indivises, l'involucre muni d'un calicule, les fleurons jaunes les extérieurs ligulés plans dépassant longuement l'involucre et par les akènes hérissés appartient au groupe des *Sarracenici* DC. où elle doit être placée à côté des *S. Castagneanus* DC. et *coriaceus* Ait.

SCORZONERA CRISPATULA, Boiss. voy. Esp. 741 supp.

In regione montana regni Granatensis prope *Ronda* loco dicto *Castijo blanco* (E. Bourgeau, 21ª die Junii 1849. — pl. Esp. n. 304), ad margines agrorum in monte *Sierra de las Nieves* (Reuter, Junio 1849) et in arvis prope *Huescar* (E. Bourgeau 1851). — In graminosis inter *Yesa* et fluvium *Aragon* in Navarra (Willkomm it. Hisp. sec. exsicc. n. 262). Prope regni Valentini oppidulum *Chiva* (Willk. sec. Kunze in bot. zeit. 1846).

SCORZONERA (LASIOSPORA) ALBICANS, Coss. pl. crit. 119.

In rupibus ad basim montis *Sierra de Huescar* in regno Granatensi (E. Bourgeau, 4ª die Junii 1851. — pl. Esp. n. 1269).

ZOLLIKOFERIA RESEDIFOLIA, Coss. pl. crit. p. 120. — Scorzonera resedifolia, L. sp. 1113 excl. syn. Barrel.

In arenosis maritimis prope *Almeria* (E. Bourgeau, 12ª die Septembris 1851). In arvis incultis prope *Cullar* ad oppidum *Baza* (E. Bourgeau, 26ª die Maii 1851. — pl. Esp. n. 1279).

ANDRYALA AGARDHII, Haenseler ap. Boiss. in DC. prodr. VII. 244. — voy. Esp. 392. t. 118.

In rupibus calcareis regionis alpinæ in monte *Sierra de Baza* in regno Granatensi (E. Bourgeau, 15ª die Julii 1851. — pl. Esp. n. 1275).

Cette belle plante n'avait encore été indiquée que dans la *Sierra Tejeda* et dans la *Sierra Nevada* (Boiss. loc. cit.).

WAHLENBERGIA NUTABUNDA, A. DC. monogr. Camp. 151. — Campanula nutabunda, Guss. in Ten. append. V ad flor. Neap. prodr. p. 8. et pl. rar. p. 94. t. 18. — Moris, stirp. Sard. elench. 30.

In arvis incultis Hispaniæ orientalis australioris ad promontorium *Cabo de Gata* (E. Bourgeau, 25ª die Aprilis 1851. — pl. Esp. n. 1285).

Cette espèce n'avait encore été indiquée qu'en Calabre (Guss.) et à *Carbonara* et *Tortoli* en Sardaigne (Moris, loc. cit.).

CAMPANULA LOEFLINGII, Brot. fl. Lusit. I. 287, ejusdem phytographia Lusit. t. 18. — Boiss. voy. Esp. 401. t. 120 *a*. — C. erinoides, Cavan. ann. de cienc. III. 20 — A. DC. monogr. Campan. 331 et prodr. VII. 480 an L. et auct?— C. Matritensis, A. DC. mon. Camp. 332 et prodr. VII. 481.— *Varietas sepalis erectis* : C. Loeflingii, Link et Hoffms. fl. Port. t. 82. — Gay in Durieu pl. Astur. exsicc. n. 280. — C. Duriæi, Boiss. voy. 402. — C. longipes, Coss. ap. Bourgeau, pl. Esp. n. 992.

Ayant eu à ma disposition un grand nombre d'échantillons de cette espèce si polymorphe, j'ai été à même de constater que la plante peut se rencontrer glabre ou très hérissée, que la forme et la largeur des feuilles sont éminemment variables, que la longueur des pédoncules est également sujette à des variations très considérables, que les sépales peuvent être étalés ou dressés, égaler la corolle ou ne pas en atteindre la moitié de la longueur et présenter depuis la forme subulée-setacée jusqu'à la forme lancéolée. D'après toutes ces variations, qui se lient par des formes manifestement intermédiaires, je me vois amené à réunir au *C. Loeflingii* non seulement les *C. erinoides* Cav. et *Matritensis* A. DC., que M. Boissier lui a déjà rapportés comme synonymes, mais encore le *C. Duriæi* Boiss. qui diffère surtout du *C. Loeflingii* type par les divisions du calice linéaires dressées et le *C. longipes* Nob. (ap. Bourgeau, pl. Esp. n. 992) à sépales dressés lancéolés n'atteignant pas la moitié de la longueur de la corolle. — M. Boissier n'avait, du reste, décrit comme espèce nouvelle le *C. Duriæi* qu'en faisant toute réserve pour un examen ultérieur.

CONVOLVULUS UNDULATUS, Cav. ic. III. 39. t. 277. f. 1. — C. evolvuloides, Desf.! fl. Atl. I. 176. t. 49. — Sibth. et Sm. fl. Græc. t. 198.

In collibus regionis calidæ superioris in regno Granatensi, loco dicto *Benta del Baoul* prope *Guadix* (E. Bourgeau, 15ª die Maii 1851).

Cette espèce, que Cavanilles (loc. cit.) ne connaissait que d'après des échantillons cultivés au jardin de Madrid, n'avait pas encore été mentionnée dans le midi de l'Espagne, elle n'était indiquée que dans les deux Castilles, en Egypte, en Sicile (Guss.) et en Algérie, où elle est très répandue (Durieu).

ECHINOSPERMUM PATULUM, Lehm. Asperif. n. 95. — DC. prodr. X. 135.

In arvis prope *Maria* regni Granatensis oppidum (E. Bourgeau, 9ª die Junii 1851. — pl. Esp. n. 1316).

L'*E. patulum* n'avait pas encore été indiqué en Espagne, il n'avait été observé qu'en Orient : en Caramanie, en Crimée, dans les déserts du Caucase vers la mer Caspienne, sur les bords du Wolga inférieur, aux environs d'Astracan, aux environs d'Elisabethpol, dans le Schirwan, et dans le désert des Kirguis (DC. loc. cit.).

Notre plante est bien caractérisée par les fleurs à corolle dépassant à peine le calice, par les calices fructifères subsessiles ne dépassant pas les nucules, par les nucules trigones munies de chaque côté d'un seul rang d'aiguillons allongés distincts jusqu'à la base, à disque plan non caréné couvert de tubercules ainsi que les faces latérales. — Les échantillons recueillis en Espagne diffèrent un peu de ceux de la Caramanie (Coquebert de Montbret 1834. n. 2281 in herb. Webb. — Aucher, pl. or. 1837. n. 2324) par les fleurs un peu plus petites et par les nucules à disque plan et non pas un peu caréné.

CYNOGLOSSUM NEBRODENSE, Guss. var. PUSTULATUM, Boiss. voy. 434.

In sylvis regionis montanæ in regno Granatensi, *Sierra de Maria* (E. Bourgeau, 10ª die Junii 1851. — pl. Esp. n. 1309), *Sierra de las Nieves* (E. Bourgeau, 4ª die Julii 1849. — pl. Esp. n. 349).

Cette plante n'avait encore été mentionnée dans le midi de l'Espagne que dans la *Sierra Tejeda* et dans la *Sierra Nevada* (Boiss. loc. cit.).

NONNEA VENTRICOSA, Griseb. spicil. fl. Rumel. II. 93. — DC. prodr. X. 33. — Anchusa ventricosa, Sm. et Sibth. fl. Græc. t. 169. — N. alba, DC. fl. Fr. VI supp. 420 ex cl. Boiss. voy. 429.

In arvis regni Murcici prope *Hellin* loco dicto *Matanza* (E. Bourgeau, 21ª die Maii 1850. — pl. Esp. n. 789). In regno Granatensi ad muros oppidi *Huescar* (E. Bourgeau, 4ª die Junii 1851. — pl. Esp. n. 1303) et in arvis prope *Baza* (E. Bourgeau, 24ª die Maii 1851).

Cette espèce qui a été indiquée en Espagne, en Catalogne, dans le royaume de Valence, dans les Castilles, n'avait encore été observée dans le royaume de Grenade qu'aux environs de Malaga (Rambur ap. Boiss. loc. cit.).

LITHOSPERMUM INCRASSATUM, Guss. ind. sem. 1826. p. 6. — prodr. fl. Sic. I. 211.

In monte *Padron de Bien Servida* prope *Riopar* regni Murcici oppidum (E. Bourgeau, 26ª die Junii 1850 n. 796). In regione alpina montis *Sierra de Baza* in regno Granatensi (E. Bourgeau, 20ª die Junii 1851. — pl. Esp. n. 1303).

Cette espèce paraît être assez répandue dans les montagnes du midi de l'Espagne, car elle avait été déjà observée dans la *Sierra Tejeda* (Boiss. voy.), dans la *Sierra de las Nieves* (Boiss. voy. — E. Bourgeau, 21 Juin 1849) et dans la *Sierra Nevada* (Boiss. voy.).

ROCHELIA STELLULATA, Reich. in Flor. 1824. p. 243. et pl. crit. II. t. 123. f. 236. — Lithospermum dispermum, L. sp. 191.

In regno Granatensi, in collibus calcareis salsuginosis ad *Cullar* prope *Baza* (E. Bourgeau, 27ª die Maii 1851. — pl. Esp. n. 1315).

Le *R. stellulata* n'avait encore été indiqué en Espagne que dans l'Arragon et aux environs de Madrid et d'Aranjuez.

DATURA FEROX, L. sp. 255. — Barrel. ic. 1172. — var. floribus lilacinis, D. Tatula, Bourgeau, pl. Esp. 1850 n. 798 non L.

Ad ripas fluminis *Segura* prope *Murcia* frequens (E. Bourgeau, 19ª die Octobris 1851 cum fructibus).

J'avais confondu d'abord cette plante avec le *D. Tatula* L. n'ayant pas été à même d'en observer le fruit. — Le *D. ferox* avait déjà été observé à *Adra*, à *Almeria* et au *Cabo de Gata* (Webb, it. Hisp.).

SCROPHULARIA ARGUTA, Soland in Ait. Kew ed. 1. II. 342. — Webb! phyt. Canar.

In ditione Almeriensi, in regione calida ad basim montis *Sierra de Gador* (E. Bourgeau, 7ª die Maii 1851. — pl. Esp. n. 1388 *a*).

Cette espèce n'avait encore été indiquée que dans les îles Canaries où elle est assez répandue (Webb) et dans le royaume de Mascate (Aucher n. 5057). — Les échantillons rapportés par M. Bourgeau diffèrent un peu de ceux des Canaries par les dents des feuilles munies de quelques dents accessoires seulement et non pas en forme de lobules dentés, mais ils sont presque identiques avec ceux du royaume de Mascate.

LINARIA GLACIALIS, Boiss. voy. 458. t. 131. var. LEIOSPERMA, Nob.

Omnia ut in planta typica, sed semina in disco lævia.

In montis *Sierra Nevada* jugo *Picacho de Veleta* in glareosis regionis nivalis (E. Bourgeau, 8ª die Julii 1851. — pl. Esp. n. 1374).

L'existence d'une variété à graines lisses dans cette espèce, que M. Boissier n'indique qu'à graines munies sur le disque de tubercules nombreux, est une nouvelle preuve du peu de valeur des caractères tirés de la présence ou de l'absence des tubercules à la partie centrale des graines dans le genre *Linaria* (voy. pl. crit. p. 124).

LINARIA RUBRIFOLIA, Rob. et Cast. ap. DC. fl. fr. V. 410. var. GRANDIFLORA.

Corolla quam in planta typica fere duplo major calcare robustiore. Semina subduplo minora, tuberculis minoribus.

In regione montana superiore montis *Sierra de Gador* in ditione *Almeriensi* (E. Bourgeau, 2ª die Maii 1851). In monte *Sierra de Baza*, loco *Barranco de Baza* dicto, promiscue cum planta typica crescens (E. Bourgeau, 17ª die Maii 1851).

Cette plante au premier aspect est très différente du *L. rubrifolia* type, mais je n'ai pas osé l'en séparer spécifiquement à cause du peu d'importance des caractères tirés de la grandeur de la corolle dans cette tribu du genre *Linaria*.

LAFUENTEA ROTUNDIFOLIA, Lagasc. nov. gen. et sp. p. 19. n. 249. — Duricua spicata, Mérat, diss. in mem. soc. acad. Lille 1829. cum tab.

In saxorum calcareorum rimis in monte Sancti Michaelis juxta *Orihuela* (Lagasc. loc. cit.) et prope cœnobium Sanctæ Cathærinæ in monte *Fuensanta* dicto non procul ab urbe *Murcia* (Lag. loc cit. — E. Bourgeau, 4ª die Maii 1850, pl. Esp. n. 817). In rupibus verticalibus ad basim montis *la Atalaya* prope *Cartagena* (Durieu, Maio 1824. — E. Bourgeau, 29ª die Martii 1850). Prope *Almeria* (E. Bourgeau, 21ª die Aprilis 1851. — pl. Esp. n. 1394). Prope *Malaga* (Rodrigues ap. Mérat loc. cit.). In regno Granatensi, sine loci proprii designatione (Clemente ap. Lagasc. loc. cit.).

J'ai cru devoir indiquer toutes les localités où a été observée cette curieuse plante afin de donner une idée exacte de sa distribution géographique.

PHELIPÆA LUTEA, Desf. Atl. II. 60. t. 140. — Reut. in DC. prodr. XI. 13.

In collibus salsuginosis prope *Santa Fe* in ditione Almeriensi (E. Bourgeau, 6ª die Maij 1851. — pl. Esp. n. 1395).

Cette belle plante n'avait pas encore été trouvée en Europe, elle n'était mentionnée que dans l'ouest de l'Algérie, en Arabie et en Égypte.

CERATOCALYX MACROLEPIS, Coss. in ann. sc. nat. ser. 3. IX. 145. t. 10. — pl. crit. 127.

In monte *Cerro de Jabalcon* prope *Baza* regni Granatensis oppidum, in radice Rosmarini officinalis parasitica (E. Bourgeau, 30ª die Maii 1851. — pl. Esp. n. 1396). In provincia Giennensi (provincia de Jaën) prope *Siles* (Blanco, exsicc. 1851. n. 128).

OROBANCHE CERNUA, Loefl. Span. Land. p. 209. — L. sp. 882.

In collibus apricis regni Granatensis prope *Baza* in radice *Artemisiæ Barrelieri* parasitica (E. Bourgeau, 28ª die Maii 1851. — pl. Esp. n. 1395 *b*).

Cette belle espèce n'avait encore été indiquée dans le royaume de Grenade qu'aux environs de Grenade et dans la *Sierra Nevada* près de *S. Geronimo* (Boiss. voy.); elle a été observée en outre en Espagne aux environs d'*Aranjuez* (Loefl. — Reuter), et sur le mont *Castello* près de la petite ville de *Chiva* dans le royaume de Valence (Willkomm, exsicc. 1844 sec. Kunze in bot. zeit. 1846).

ZIZYPHORA HISPANICA, L. sp. 31.

Ad basim montis *Cerro de Jabalcon* prope *Baza* regni Granatensis oppidum (E. Bourgeau, 20ª die Maii 1851. — pl. Esp. n. 1419).

Cette espèce n'avait pas encore été indiquée dans l'Espagne méridionale, elle n'avait été observée que dans les deux Castilles.

SCUTELLARIA ORIENTALIS, L. sp. 834.

In regione alpina montis *Sierra de Baza* in regno Granatensi (E. Bourgeau, 20ª die Junii 1851. — pl. Esp. n. 1413).

Cette plante n'avait encore été indiquée en Espagne que dans la *Sierra de Gador* (Boiss. voy.).

SIDERITIS LASIANTHA, Pers. synops. II. 117. — Boiss. voy. 505. — S. fœtens, Lagasc. gen. et sp. p. 18. n. 234.

In collibus apricis supra urbem *Almeria* (E. Bourgeau, 7ª die Septembris 1851. — pl. Esp. n. 1423).

J'ai cru devoir mentionner cette nouvelle localité du *S. lasiantha* qui n'a été encore observé que dans la parte orientale du royaume de Grenade : au pied de la *Sierra de Gador* au-dessus de *Berja* (Boiss. loc. cit.), près d'*Adra* et au *Cabo de Gata* (Webb), près de *Nijar* (Clemente ap. Lagasc. loc. cit.).

GLOBULARIA ILICIFOLIA, Willk. monogr. Globul. 24. t. 3.

In latere septentrionali montis *Sierra de Maria* provinciæ Almeriensis (Willk. loc. cit.). In monte *Sierra de Alcaras* regni Murcici et Castellæ novæ ad limites (Funk!, 1848). In montibus inter *Sierra de Alcaras* et *Sierra Morena*, inter *Villamanrique* et *Castellar* (Funk ap. Willk. loc. cit.). In monte *Sierra de Segura* regni Murcici ad limites (E. Bourgeau, 19a die Maii 1850. — pl. Esp. n. 849). *Segura*, *Romo de Segura*, *Castillo*, *Hornes*, *Pena Oradada* (Blanco, exsicc. 1849. n. 81. — 1851. n. 146). In monte *Sierra de Huescar* (E. Bourgeau, 4a die Junii 1851. — pl. Esp. n. 1434).

ARMERIA DURIÆI, Boiss. ap. DC. prodr. XII. 684.

In regione montana superiore regni Granatensis, montis *Sierra de Maria* ad cacumen (E. Bourgeau, 9a die Junii 1851. — pl. Esp. n. 1437).

Cette espèce n'avait encore été observée que dans les Asturies au *Pico de Arvas* (Durieu, pl. Astur. exsicc. sub nomine *A. juniperifolia*).

STATICE GUMMIFERA, Durieu ap. Boiss. et Reut. pugill. pl. nov. 104. var. CORYMBULOSA, Nob.

Planta perennis, glauca, caudice elongato sublignoso sæpius multicipite. *Caules* 5-7 decimetra longi, basi petiolorum emarcidorum vestigiis tecti, erecti, rectiusculi, *teretes*, *apteri*, basi simplices, a medio *alterne et subdistiche ramosi ramis multifloris* saltem inferioribus pluries ramosis, ramulis subarcuatim patulis, paniculam amplam effusam efformantibus, ramis sterilibus nullis. *Folia* ampla, *coriacea*, oblonga, obovatave apice rotundato-obtusa ibique mucrone subtus recurvo instructa, in petiolum longiusculum attenuata, plurinervia, *petiolis* basi *dilatatis et antice gummum resinosum exsudentibus;* folia caulina et ramealia ad squamas redacta, *squamis* parvis triangulari-acutis *fuscis margine anguste scariosis*. *Spiculæ* 2-5-*floræ*, *in spicas* arcuatas *subdensifloras dispositæ et apice ramulorum sæpius quasi corymbulosæ*, bracteis rufo-virentibus margine anguste albido-hyalinis, inferioribus ovatis obtusiusculis, superiore triplo majore dorso curvata obtusissima subtruncata. *Calyx* circiter 3 millimetra longus, tubulosus, *tubo* angusto *curvato* pilosulo, *limbo* minuto *vix e bractea exserto* sordide albido breviter quinquelobo. Corolla (quantum e statu sicco videre licuit) albida, post anthesin corculata. ♃. Florebat 18a die Septembris 1851.

In Hispania orientali australiore, in paludibus salariis ad promontorium *Caba de Gata* juxta *Nijar* (E. Bourgeau, pl. Esp. n. 1445).

J'ai cru devoir réunir cette plante comme variété au *S. gummifera* Durieu des environs d'Oran, avec lequel j'ai pu la comparer grâce à l'obligeance de M. Durieu qui m'en a communiqué de nombreux échantillons, car elle n'en diffère que par les feuilles moins arrondies, par les épillets ord. 3-5-flores et non pas 1-3-flores plus rapprochés et formant ordinairement des espèces de glomérules au sommet des rameaux. — Par les caractères généraux de port et par la forme du calice le *S. gummifera* appartient à la section *Limonium* sous-section des *dissitifloræ* (Boiss. in DC. prodr. XII. 649) où il doit être placé à côté du *S. delicatula* de Girard.

STATICE CÆSIA, de Girard? in ann. sc. nat. ser. 3. II. 325. — Boiss. in DC. prodr. XII. 667 ex litt. — Coss. pl. crit. 127. — S. elegans, Coss. ap. Bourgeau exsicc. Hisp. n. 995.

Planta perennis, punctis furfuraceis conspersa, sæpius cæspites magnos efficiens nempe ex eodem caudice caules plurimi. *Caules* 6-10 decimetra longi, erecti, rectiusculi, subteretes, apteri, *fere a basi usque ad* tertiam *partem superiorem florigeram ramos steriles emittentes; ramis sterilibus numerosis*, alternantibus geminatisve, ramis florigeris brevioribus, *erectiusculis*, *dichotome et stricte ramosis*, ramulis gracilibus elongatis rigidulis; *ramis florigeris multifloris* subarcuatim patulis, *pluries dichotomis*, *paniculam* elongatam *amplam* ambitu pyramidatam *efformantibus*. Folia radicalia non visa; ad basim caulis squamæ plures triangulari-lanceolatæ acutæ; caulina et ramealia ad squamas redacta, *squamis* triangulari-acutis *margine anguste scariosis*. *Spiculæ unifloræ*, angustæ, *vix arcuatæ*, *in spicas* inprimis ante anthesin subrecurvatas patulas *numerosas* subsecundas *multifloras* pectinatim *dispositæ; bracteis spiculæ* inferioribus minutis ovato-acutis *margine albo* late *scariosis* dorso virente et fucescente, superiore subquadruplo longiore dorso recto convexo viridi-fucescente apice truncata margine albo scarioso cincta. *Calyx* minutus, circiter 5 millimetra longus, tubulosus, *tubo angusto subrecto*, *subobliquе inserto*, glabro, *limbo* infundibuliformi albo-scarioso nervis rubro-fucescentibus fere ad apicem percurso, *exserto*, tubo paulo breviore 5-lobo lobis obtusis haud plicatis, dein nervis divergentibus membrana sæpe in lacinias irregulares lacerata. *Corolla* majuscula, æstivatione convoluta, pulchre rosea, *post anthesin non corculata*, *e petalis* oblongo-cuneatis sensim in unguem attenuatis *usque ad limbum in tubum exsertum agglutinato-cohœrentibus* sed unguibus liberis et sine laceratione separabilibus *composita*. Staminum filamenta usque ad ovarii altitudinem petalis adnata. ♃. Jam florens 26ª die Maii 1850 lecta.

In paludosis salsis regni Murcici ad pedem montis *Sierra de las Cabras* prope *Hellin* (E. Bourgeau 26ª die Maii 1850. — pl. Esp. n. 995). In incultis salsis agri Murcici loco dicto *Ajanque* prope *Fortuna* (Dr Guirao, 30ª die Junii 1851 ap. E. Bourgeau, pl. Esp. n. 1443).

Cette plante me paraît avoir été confondue avec la suivante qui lui ressemble beaucoup par la disposition des rameaux stériles; et les échantillons de l'herbier de M. de Jussieu, ainsi que ceux de l'herbier de Tournefort, qui ont été étiquetés par M. de Girard sous le nom de

S. cæsia, étant dépourvus de fleurs, je ne sais à laquelle des deux plantes attribuer les synonymes *Limonium Hispanicum articulatum et cæsium*, Tournef. inst. rei herb. et *Polygonum fruticans aphyllum corniculatum minus* Barrel. ic. 1034 que j'avais d'abord rapportés à la plante d'*Hellin*. — J'ai cru cependant devoir conserver le nom de *S. cæsia* à cette même plante d'après les échantillons de l'herbier du Muséum, qui ont été récoltés entre *Elche* et *Alicante* par le docteur Teilleux, c'est-à-dire à la localité classique du *S. cæsia*, et qui sont identiques avec ceux de M. Bourgeau; il est regrettable pour nous de n'avoir pu juger la question d'une manière certaine par l'examen de l'échantillon recueilli à *Elche* par M. Durieu, conservé dans l'herbier de M. Maille, et que M. de Girard cite pour son *S. cæsia*.

STATICE INSIGNIS, Nob.

Planta perennis, punctis calcareis pruinosa. *Caules* 2-7 decimetra longi, erecti, rectiusculi vel flexuosi, *subteretes*, apteri, *fere a basi usque ad* dimidiam vel tertiam *partem superiorem florigeram ramos steriles emittentes; ramis sterilibus numerosis*, alternantibus geminatisve, ramis florigeris brevioribus rarius eos adæquantibus superantibusve, *erectiusculis, dichotome et stricte ramosis, ramulis validiusculis* elongatis rigidis; *ramis florigeris plurifloris*, primum subarcuatim patulis dein rectiusculis, *semel rarius bis vel ter dichotome ramosis aliquando subsimplicibus* paniculam ambitu subpyramidatam efformantibus. Folia omnia radicalia, parva, obovata in petiolum longe attenuata, obtusa retusave, in planta florente sæpe emarcida nullave; caulina et ramealia ad squamas redacta, *squamis* parvis triangulari-acutis fuscis, *margine anguste scariosis. Spiculæ bifloræ* rarius abortu unifloræ, majusculæ, *vix arcuatæ, in spicas* in primis sub anthesi subrecurvatas patulas subsecundas *paucifloras* laxifloras pectinatim *dispositæ; bracteis spiculæ* inferioribus ovato-acutis *ad marginem albo-scariosis* dorso nigrofucescente, superiore subquadruplo longiore dorso recto convexo nigrofucescente apice rotundata margine albo-scarioso cincta. *Calyx* circiter 6-7 millimetra longus, tubulosus, *tubo angusto subrecto, subobliquc inserto*, puberulo, limbo infundibuliformi albo-scarioso nervis rubrofucescentibus fere ad apicem percurso, *exserto*, tubo paulo breviore, primum obsolete 5-lobo lobis obtusis haud plicatis, dein nervis divergentibus membrana sæpe in lacinias irregulares lacerata. *Corolla* majuscula, æstivatione convoluta, pulchre rosea, *post anthesin non corculata, e petalis* oblongo-cuneatis sensim in unguem attenuatis *usque ad limbum in tubum longiuscule exsertum agglutinato-cohærentibus* sed unguibus liberis et sine laceratione separabilibus *composita*. Staminum filamenta usque ad ovarii altitudinem petalis adnata. ♃. Jam florens 14ª die Aprilis 1851 lecta.

In salsuginosis Hispaniæ australioris, in regno Granatensi ad urbem *Vera* (E. Bourgeau, pl. Esp. n. 1442) et ad oppidula *Santa-Fe* et *Roqueta* (E. Bourgeau 1851).

Le *S. insignis* qui doit être placé dans la section *Polyarthrion* (Boiss. ap. DC. prodr. XII. 667) avec l'espèce précédente, s'en distingue aux caractères suivants : les tiges sont couvertes de points calcaires plus abondants, les rameaux stériles sont ordinairement plus robustes, les rameaux florifères portent un beaucoup moins grand nombre d'épillets assez espacés et ne sont ordinairement qu'une ou deux fois dichotomes et quelquefois simples et non pas très multiflores plusieurs fois dichotomes, les épillets sont presque une fois plus gros biflores rarement uniflores par avortement et non pas constamment uniflores; le tube de la corolle dépasse plus longuement le limbe du calice.

D'après les caractères de cette seconde espèce appartenant à la section *Polyarthrion*, les caractères de cette section doivent être définis de la manière suivante : Calice à insertion presque droite, tubuleux-infundibuliforme, à limbe entièrement exsert d'abord brièvement 5-lobé; corolle d'un beau rose, à préfloraison contournée, ne se ratatinant pas après la floraison, composée de pétales libres au niveau de l'onglet et séparables sans déchirure dans toute leur longueur, mais cohérents en tube jusqu'au limbe de manière à simuler une corolle gamopétale à tube exsert; étamines à filets soudés avec les pétales seulement de la hauteur de l'ovaire; plantes plus ou moins glaucescentes à rameaux inférieurs tous stériles très rameux dichotomes à articles dressés; épillets uniflores ou biflores.

BETA DIFFUSA, Nob.

Planta glabra, radice bienni vel perenni caules plurimos edente. Caules herbacei, diffusi vel prostrati, 4-10 decimetra longi, subsimplices vel parce ramosi, usque ad apicem foliati, subangulati. *Folia* crassa, succulenta, longiuscule petiolata *late deltoidea ovatave* basi plus minusve cordata rarius subrhombea limbo in petiolum attenuato; *floralia caulinis conformia et parum minora. Flores* axillares, in axillis subsessiles, 2-3-glomerati, *abortu demum subsolitarii, haud connati*, virescentes, sæpius digyni. *Calyx* laciniis ovatis, fructifer solitarius, valde deciduus, *tubo exacte hemisphærico* cum fructu cohærente *ecostato, laciniis ecarinatis* vel vix apice carinatis brevibus fructui incumbentibus inter se distantibus disci basim tantum obtegentibus. *Discus* crassiusculus *obtuse conicus*. ② aut ♃. Florens et fructifera 4ª die Maii 1851 lecta.

In Hispania orientali australiore, infra rupes maritimas prope *Roqueta* in ditione Almeriensi (E. Bourgeau, pl. Esp. n. 1457).

Cette espèce doit être placée à côté des *B. patellaris* Moq. Tand. (in DC. prodr. XIII. sect. 2. p. 57) et *procumbens* Ch. Sm. (in Hornem. hort. Hafn. suppl. p. 31. — Moq. Tand.! in Webb. phyt. Canar. III. 197. n. 2. t. 201 et in DC. prodr. XIII. sect. 2. p. 57. — B. hastata, Desf.! cat. hort. Par. 1829. p. 389). — Par le port elle se rapproche beaucoup du *B. patellaris* qui croît aux Canaries, à Ténériffe (Berthelot, E. Bourgeau), dans l'île de Palma à la Caldera et dans la grande Canarie à Isleta (E. Bourgeau); mais elle en diffère par le calice fructifère à tube exactement hémisphérique dépourvu de côtes et non pas ord. conique-tronqué présentant des côtes saillantes, et surtout par le disque conique et non pas presque plan ou un peu concave apiculé seulement au niveau des styles.— Par la forme du tube du calice fructifère elle se rapproche davantage du *B. procumbens* qui n'a encore été observé qu'aux Canaries où il est assez commun sur le littoral (Webb, E. Bourgeau); mais elle s'en distingue par les tiges moins longues, moins rameuses, par les feuilles larges ovales ou deltoïdes plus ou moins cordées à la base plus rarement rhomboïdales non cordées diminuant peu de grandeur vers la partie supérieure de la plante, et non pas triangulaires étroites s'élargissant en une base sagittée à lobes triangulaires ou arrondis étalés ou convergents, et diminuant brusquement de grandeur dans la partie supérieure de la plante, elle s'en éloigne en outre par les divisions calicinales plus courtes et par le disque conique et non pas seulement convexe.

BOERHAVIA PLUMBAGINEA, Cav. ic. II. p. 7. t. 112. — Vahl, enum. II. 287.—B. dichotoma, Vahl, loc. cit. 290 (syn. ex cl. Gay).

In rupibus apricis montis *Agudo* dicti prope urbem *Murcia* (E. Bourgeau, 12a die Octobris 1851. — pl. Esp. n. 1435).

Cette curieuse plante, qui n'avait encore été trouvée en Espagne qu'aux environs de *Murcia* (Cutanda ap. Willk. Geb. der Iberisch. halbins.) et dans la *Sierra Callosa* près d'*Orihuela* (Cavanilles loc. cit.— Funk ap. Willk. loc. cit.) appartient surtout à la région intertropicale où elle a été observée en Arabie, en Abyssinie, au Sénégal et en Nubie.

PASSERINA ELLIPTICA, Boiss. voy. 556. t. 158.

In regione montana superiore montium *Sierra de Sagra et Sierra de Baza* in regno Granatensi (E. Bourgeau, 9a et 20a die Maii 1851. — pl. Esp. n. 1472). *Sierra de Segura*, regni Murcici ad limites (E. Bourgeau, 18a die Maii 1850). *Sierra de Alcaras* (Funk, Julio 1848).

Cette plante n'avait encore été indiquée que dans la *Sierra Nevada* (Boiss. loc. cit.).

DAPHNE LAUREOLA, L. var. LATIFOLIA, Coss. pl. crit. 45.

In regione sylvatica montis *Sierra de Sagra* prope *Huescar* regni Granatensis oppidum (E. Bourgeau, 12a die Junii 1851. — pl. Esp. n. 1475).

CROZOPHORA VERBASCIFOLIA, A. de Juss. Euphorb. gen. tent. 28. — Croton verbascifolium, Willd. sp. pl. (1805) IV. 539. — C. villosum, Sm. et Sibth. fl. Græc. prodr. (1813) II. 249. — Fl. Græc. t. 951. —C. patulum, Lagasc.! nov. gen. et sp. (1816) p. 21. n. 275

e specim. loc. classic. — Ricinoides ex qua paratur Tournesol Gallorum, folio oblongo et villoso, Tournef. coroll. inst. rei herb. 44.

In agro Murcico in arvis inter oppidula *Totana* et *Palmar* (E. Bourgeau, 3ª die Octobris 1851. — pl. Esp. n. 1483). In arvis *en Daimiel, Almagro* et *Moral de la Calatrava* oppidis Manchæ provinciæ, circa *Algezares* et *Palmar* oppida in Murciæ regno, alibique in Hispania (Lagasc. loc. cit.).

J'ai été à même, d'après l'examen des échantillons rapportés par M. Bourgeau, de constater l'identité du *Croton patulum* Lag. avec le *Crozophora verbascifolia* A. de Juss. qui n'avait encore été indiqué qu'en Grèce et en Orient.

PARIETARIA MAURITANICA, Durieu! ap. Duchartr. rev. bot. II. 427. — Walp. ann. bot. syst. I. 649. — Coss. pl. crit. 46.

In umbrosis infra rupes prope *Almeria* (E. Bourgeau, 14ª die Maii 1851. — pl. Esp. n. 1485).

FORSKALEA COSSONIANA, Webb in ot. Hisp. ined.

In arenosis prope *Santa Fe* in provincia Almeriensi (E. Bourgeau, 14ª die Maii 1851. — pl. Esp. n. 1486).

Cette plante, qui, par le port, se rapproche beaucoup du *F. tenacissima*, est la première espèce du genre *Forskalea* qui ait été trouvée sur le continent Européen ; les autres espèces ont été observées en Egypte, en Arabie, en Perse, aux Canaries et au Cap de Bonne-Espérance.

CYNOMORIUM COCCINEUM, L. sp. 1375. — C. purpureum officinarum Michel. nov. pl. gen. 17. t. 12. — Fungus coccineus Melitensis typhoides, Bocc. ic. et descript. rar. pl. t. 43.

In collibus apricis in dumetis Tamaricis Gallicæ ad vicum *Cullar* prope *Baza* regni Granatensis oppidum (E. Bourgeau, 2ª die Junii 1851. — pl. Esp. n. 1489).

Cette curieuse plante est indiquée par Micheli en Algérie (où elle est abondante dans l'Ouest ! (Durieu, Balansa !, Munby !), en Sicile, à Malte, dans l'île de *Lampeduza*, à Livourne, et par Linné (loc. cit.) aux environs de Cadix.

ALLIUM MOLY, L. sp. 432.

In sylvaticis regionis montanæ ad regni Murcici limites, *Sierra de Segura* (Blanco, 1851).

La plante recueillie par M. Blanco présente une ombelle multiflore dépourvue de bulbilles et est identique avec l'*A. Moly* cultivé dans les jardins (voy. pl. crit. 129).

ORCHIS PATENS, Desf. Atl. II. 318. — Rchb. f. tent. Orch. Europ. 38. var. BREVICORNIS, Rchb. loc. cit. 38. t. 32. f. 1. — O. brevicornu, Viv. fragm. bot. t. 12. f. 2.

In monte *Sierra de Segura* regni Murcici ad limites (E. Bourgeau, 19a die Maii 1850). In sylvaticis montis *Sierra de Maria* provinciæ Almeriensis (E. Bourgeau, 9a die Junii 1851. — pl. Esp. n. 1490 *c*).

Cette plante n'avait pas encore été observée en Espagne. — L'*O. patens* n'est indiqué qu'aux environs de Gênes, en Dalmatie, en Algérie (où il est abondant, surtout aux environs d'Alger (Durieu) et aux Canaries.

CAREX MAIRII, Coss. et Germ. observ. pl. crit. 1840. p. 18. t. 1-2. f. 1-8. — flor. Par. 602. — illustr. fl. Par. t. 35. f. 1-3.

In humidis Montis Serrati prope Barcinonem (E. Bourgeau, 5a die Maii 1847. — pl. Pyr. Esp. n. 293). In regione montana superiore montis *Sierra de Alcaras* regni Murcici et Castellæ novæ ad limites (E. Bourgeau, 19a die Junii 1850. — pl. Esp. n. 981). In regione alpina montis *Sierra Nevada* loco dicto *Barranco de Benalcaza* (E. Bourgeau, 4a die Julii 1851).

Le *C. Mairii* n'avait encore été observé qu'en France, aux environs de Paris ! à plusieurs localités, dans le département de la Vienne entre Smarve et le Port Seguin (L. et C. Tulasne !, Delastre, fl. de la Vienne), à Charroux (Delastre loc. cit.), et dans le département de l'Hérault à Ganges (Jordan !).

CAREX HORDEISTICHOS, Vill. fl. Dauph. II. 221. t. 6 mala. — C. hordeiformis, Thuill. fl. Par. 490. — Wahlenb. act. Holm. 1803. 152.

In humidis regionis subalpinæ montis *Sierra Nevada* loco dicto *la Cartijuela* (E. Bourgeau, 22a die Julii 1851. — pl. Esp. n. 1541).

Cette espèce n'avait encore été indiquée en Espagne que près de *Torremocha* dans le royaume de Léon (Lagasca in herb. Boutelou ex Willkomm in Mohl et Schlect. bot. zeit. 1848. p. 415) ; elle est assez rare en France où elle a été observée en Dauphiné (Vill. loc. cit.), aux environs de Gap (Garnier !), dans les départements du Puy-de-Dôme et de la Lozère (Lecoq et Lamotte cat. pl. centr. Franc.), aux environs de Paris !, en Lorraine (Godr. fl. Lorr.).

Le *C. secalina* Wahlenb., que Koch (syn. fl. Germ. ed. 2. 883) réunit au *C. hordeistichos* Vill., me paraît en différer, ainsi que me l'a fait observer M. Spach, par les utricules plus allongés, ternes à nervures très distinctes, oblongs-lancéolés insensiblement atténués en bec, comprimés au bord en une large bordure et non pas luisants obscurément nerviés ovales-oblongs acuminés en bec et étroitement bordés ; malheureusement, je n'ai pas eu à ma disposition un assez grand nombre d'échantillons pour pouvoir être fixé sur la valeur de ces caractères différentiels. — Le *C. secalina* n'a encore été indiqué que dans la partie orientale de l'Europe.

PANICUM COLONUM, L. sp. 84. — Trin. ic. 14. t. 160. — P. zonale, Guss. ind. sem. hort. reg. Bocc. 1825. — synops. fl. Sic. I. 112. — Oplismenus colonum, Humb. et Kunth. nov. gen. I. 109. — enum. pl. I. 142.

In arenosis ad ripas fluminis *Segura* prope *Murcia* (E. Bourgeau, 19a die Octobris 1851. — pl. Esp. n. 1521).

Cette espèce n'avait encore été indiquée dans le midi de l'Espagne qu'aux environs de *Malaga* (Haenseler ap. Boiss. voy.).

AVENA (TRISETUM) SCABRIUSCULA, Lagasc.! nov. gen. et sp. 4. n. 52. — Coss. pl. crit. 129.

In collibus incultis regni Granatensis prope *Baza* (E. Bourgeau, 39a die Maii 1851).

AVENA PUMILA, Desf.! fl. Atl. I. 103. — Poir. encycl. meth. supp. I. 543. — Trisetum pumilum, Kunth. Gram. I. 102. et enum. pl. I. 297.

Planta annua, cæspitosa absque fasciculis foliorum sterilibus. Caules sæpius plurimi, filiformes, 5-15 centimetra longi, basi sæpissime geniculati et ramosi inferne tantum foliati. Folia breviuscula, plana, mollia, pubescentia, vaginis pubescentibus; ligula brevis, fimbriato-ciliata. *Panicula erecta*, *conferta*, *coarctata*, *spiciformis* ambitu ovato-oblonga vel oblongo-elongata, 15-40 millimetra longa, ramis subgeminis, longioribus spiculas 5-10 gerentibus. Spiculæ minutæ, erectæ, subquadrifloræ, pallide viridi-flavescentes; *rachi piloso pilis glumellas superiores subæquantibus*. *Glumæ* obsolete nervosæ, ovato-lanceolatæ acutæ,, margine et apice membranaceæ, *subæquilongæ*, *inferior* paulo latior *undique villosa* superior dorso tantum villosa, floribus paulo superatæ. *Glumellæ* punctato-scabræ, *inferior apice bidentata ad tertiam partem superiorem aristata*, arista gracili rectiuscula saltem in floribus superioribus glumella longior, superior subdimidio brevior apice bifida. *Ovarium glabrum*. ①. Martio-Maio.

In Hispania australi, in arenosis maritimis prope *Cartagena* cum Schismo marginato crescens (E. Bourgeau, 8a die Aprilis 1851). In regno Granatensi in collibus supra *Baza* (E. Bourgeau, 20a die Maii 1851). In campis incultis ad promontorium *Cabo de Gata* (E. Bourgeau, 26a die Aprilis 1851 jam subemarcidum). — In Algeria prope *Mascara* (Desf. fl. atl.). In glareosis apricis planitiei excelsæ (haut plateau) loco dicto *Sfid* cum Schismo marginato abunde crescens et ad lacum salsum æstate exsiccatum *Chott el Chergui* dictum prope *Khalifa* (comitantibus Balansa et Gallerand 26a die Maii 1852 lecta). In arenosis deserti trans urbem *Aumale* ad meridiem siti (de Barneville 1851 in herb. Durieu).

Cette plante, très distincte de toutes les autres espèces du genre *Avena* de la section *Trisetum*, ressemble beaucoup par le port au *Kœleria phleoides* Pers. avec lequel elle a été souvent confondue (confer Poir. loc. cit. — Roem. et Schult. syst. vey. II. 624), ce qui explique comment elle n'a pas encore été indiquée en Espagne. — On évitera facilement cette confusion en remarquant que dans l'*A. pumila* les glumes sont presque égales ovales-lancéolées l'inférieure un peu plus large velue dans toute sa face extérieure, et non pas inégales glabres ou munies de quelques poils l'inférieure étroite linéaire-lancéolée plus courte, la supérieure ovale-lancéolée, que l'axe de l'épillet est muni de poils qui égalent presque les glumelles supérieures et non pas muni de poils très courts, que les glumelles inférieures sont aristées vers leur tiers supérieur et non pas immédiatement au-dessous du sommet.

WANGENHEIMIA LIMA, Trin. fund. 132. — Cynosurus Lima, L. sp. 105. — Dyneba Lima, Lagasc. nov. gen. et sp. 5. n. 79.

In collibus prope *Baza* regni Granatensis oppidum (E. Bourgeau, 23a die Maii 1851. pl. Esp. n. 1510).

Cette espèce qui a déjà été observée par M. Bourgeau à *Hellin* dans le royaume de Murcie (voy. pl. crit. 130) est assez répandue dans les deux Castilles, mais elle n'avait pas encore été mentionnée dans le midi de l'Espagne.

FESTUCA (SCLEROCHLOA) MEMPHITICA, Boiss.! ap. Pinard pl. exsicc. in herb. Mus. Par. — ? F. dichotoma, Forsk. fl. Ægypt.-Arab. descr. 22. — Dactylis Memphitica, Spreng. hort. Hal. add. I. 20. — Roth, catalect. III. 18. — Dineba divaricata, Rœm. et Schult. syst. veget. II. 712 (1817). — P. de Beauv.? agrostograph. in indice 160.

Planta annua, cæspitosa, glabra. Caules 8-30 centimetra longi, decumbenti-ascendentes, nodis inferioribus sæpe radicantibus, geniculato-flexuosi, vaginis fere tecti, nodis fuscis, simplices vel ramosi. Folia angusta, linearia, flaccida, acuta, plana subinde arescendo subinvoluta, margine scabriuscula; vaginæ laxiusculæ, superior sæpius inflata paniculæ basim spathaceo-amplectens; ligulæ oblongæ, scariosæ, apice laceræ, in vaginæ margines paululum decurrentes. *Panicula* polystachya *ramosa, rigida, ramis crassis triquetris* ad angulos pubescenti-scabris, ternis, *sub anthesi divaricatis*, duobus *longioribus* oppositis semel *bis vel ter dichotome ramosis ramulis angulatim divaricatis*, altero brevissimo monostachyo, *pedunculis brevibus crassis apice haud incrassatis. Spiculæ 3-4 floræ*, oblongæ, post anthesin *apice latiores*, compressæ, floribus superioribus inferiores vix superantibus. Glumæ spicula subdimidio breviores, lanceolatæ, acutæ, mucronatæ, late scarioso-marginatæ, inferior brevior. Rachis glaber scabridus, post anthesin in nodis vix fragilis. *Glumella inferior* exquisite trinervia, ***subcanaliculato carinata***, lineari-lanceolata, ***acuta***, ***mucrone subulato cuspidata; glumella superior subtilissime ciliata***. ①. Florens fructiferaque 21ª die Aprilis 1851 lecta.

In arenosis maritimis Hispaniæ orientalis australioris ad promontorium *Cabo de Gata* dictum (E. Bourgeau, pl. Esp. 1851. n. 1537). Prope *Alger* ad promontorium *Matifoux* (Roussel). In arenosis prope *Khrider!* et *Sidi Khalifa!* ad lacum salsum æstate exsiccatum *Chott el Chergui* dictum (comitantibus Balansa et Gallerand 28ª et 29ª die Maii 1852 lecta). In deserto Algeriensi prope *Biskra* (Dr Guyon, 1847, in herb. Durieu) et loco dicto *M'Kraoula* in ditione d'*El Agouath* (Benduelle, 1844, in herb. Durieu). Circa *Constantinopolim* (Aucher, collect. 1. 1837, n. 3047). In Ægypto (Olivier in herb. Mus. Par. sub nomine Festuca divaricata Desf. — Coquebert de Montbret in herb. Webb sub nomine Dinæbra Ægyptiaca quæ plane aliena). In Ægypto inferiore (Dr A. Wiest, un. it. 1835. n. 548 sub nomine Dineba divaricata P. de Beauv. et Dactylis Memphitica Spreng.). In monte *Sinaï* (Aucher, 1839, exsicc. n. 3037 in herb. Mus. Par. et in herb. Webb). In Arabia petræa (Pinard, pl. exsicc. 1846, in herb. Mus. Par.).

Le *F. Memphitica* doit être placé à côté des *F. divaricata* Desf. et *maritima* DC., avec lesquels il me paraît avoir été généralement confondu. — Il se distingue du *F. divaricata* Desf.! (fl. Atl. I. 89. t. 22) par les tiges plus robustes, par la panicule plus roide à rameaux plus régulièrement dichotomes et opposés, par les épillets oblongs 3-4-flores élargis au sommet après la floraison et non pas linéaires 8-12-flores, par les fleurs aiguës terminées par une pointe subulée et non pas obtuses très brièvement mucronées.—Il diffère du *F. maritima* DC. (Triticum maritimum, L.) par les rameaux de la panicule plus régulièrement dichotomes et opposés, par les épillets 3-4-flores et non pas ord. 5-8-flores, par les fleurs linéaires-lancéolées aiguës terminées par une pointe subulée et non pas ovales-lancéolées presque obtuses et terminées par un mucron très court. —Il est très probable que le *F. dichotoma* Forsk. doit être rapporté à la même espèce que le *F. Memphitica* Boiss., d'après la phrase descriptive de Forskal qui indique sa plante en Egypte et lui attribue une panicule dichotome à épillets sessiles très étalés linéaires triflores, c'est-à-dire des caractères qui peuvent convenir au *F. Memphitica;* mais je n'ai pas cru devoir adopter le nom de *F. dichotoma* parce qu'il me reste quelque doute et que d'ailleurs presque tous les auteurs ont rapporté le *F. dichotoma* Forsk. comme synonyme au *F. maritima* DC.

GRAMMITIS HISPANICA, Coss. pl. crit. 48.

In fissuris rupium regionis subalpinæ in monte *Sierra Nevada* loco dicto *Cortijo de la Vibora* (E. Bourgeau, 8ª die Augusti 1851 jam emarcida.

Paris.— Typ. Beaul et Cᵉ, rue Jacques de Brosse, 10.

www.ingramcontent.com/pod-product-compliance
Ingram Content Group UK Ltd.
Pitfield, Milton Keynes, MK11 3LW, UK
UKHW012302240726
13966UKWH00004B/1570